全国高级技工学校电气自动化设备安装与维修专业教材
QUANGUO GAOJI JIGONG XUEXIAO DIANQI ZIDONGHUA SHEBEI ANZHUANG YU WEIXIU ZHUANYE JIAOCAI

# 单片机应用技术（汇编语言）

## （第二版）

谢浪清　主　编

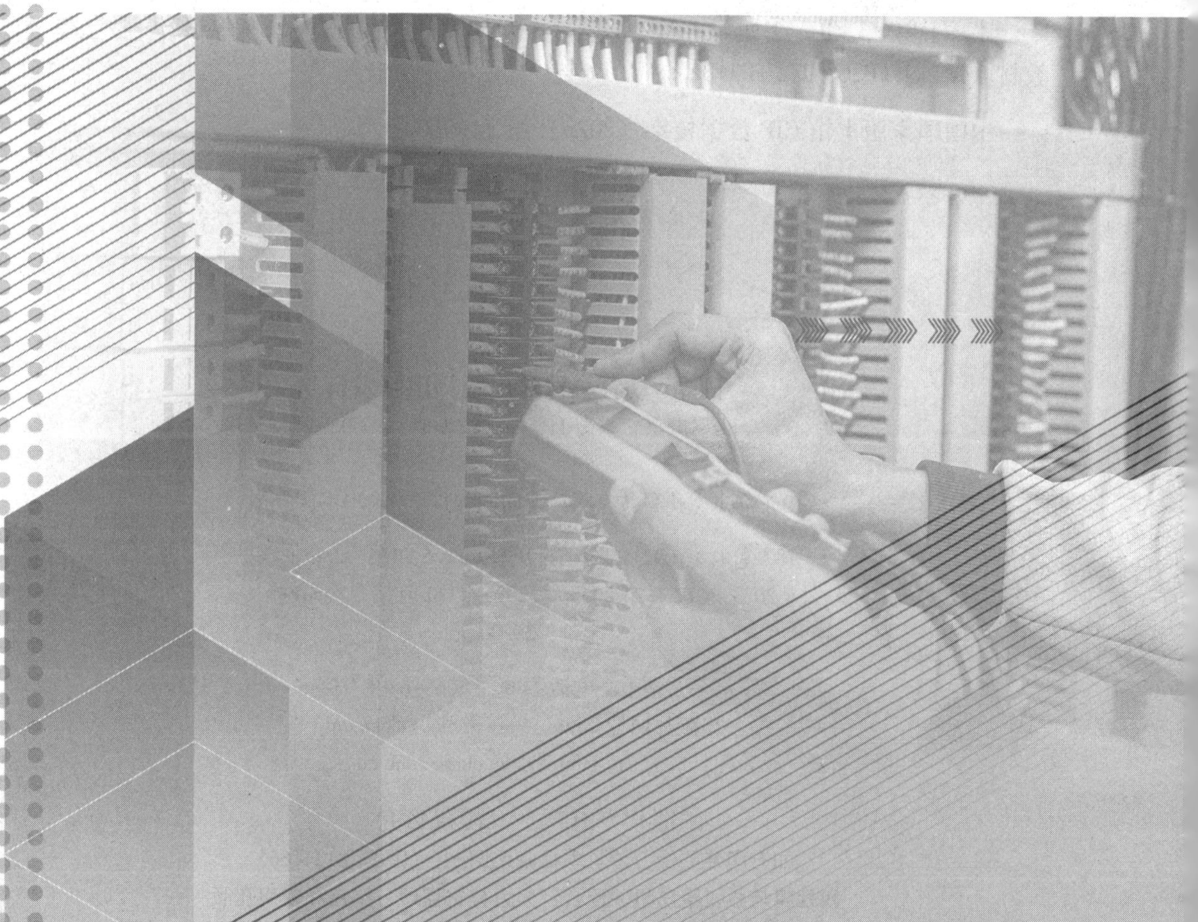

中国劳动社会保障出版社

## 简　介

本书为全国高级技工学校电气自动化设备安装与维修专业教材。主要内容包括认识单片机、认识单片机开发软件、I/O 输入输出应用、LED 数码管显示器、中断控制应用、定时/计数器应用、串口通信应用和单片机综合应用等。

本书由谢浪清任主编，卢运任副主编，李水明、温汉权参加编写，张娉任主审。

**图书在版编目（CIP）数据**

单片机应用技术：汇编语言 / 谢浪清主编. --2 版. --北京：中国劳动社会保障出版社，2023

全国高级技工学校电气自动化设备安装与维修专业教材

ISBN 978-7-5167-6194-6

Ⅰ. ①单… Ⅱ. ①谢… Ⅲ. ①单片微型计算机-汇编语言-程序设计-技工学校-教材 Ⅳ. ①TP368.1②TP313

中国国家版本馆 CIP 数据核字（2023）第 249630 号

**中国劳动社会保障出版社出版发行**

（北京市惠新东街 1 号　邮政编码：100029）

*

山东韵杰文化科技有限公司印刷装订　新华书店经销

787 毫米×1092 毫米　16 开本　11.5 印张　256 千字

2023 年 12 月第 2 版　2025 年 11 月第 2 次印刷

**定价：25.00 元**

营销中心电话：400-606-6496

出版社网址：http://www.class.com.cn

http://jg.class.com.cn

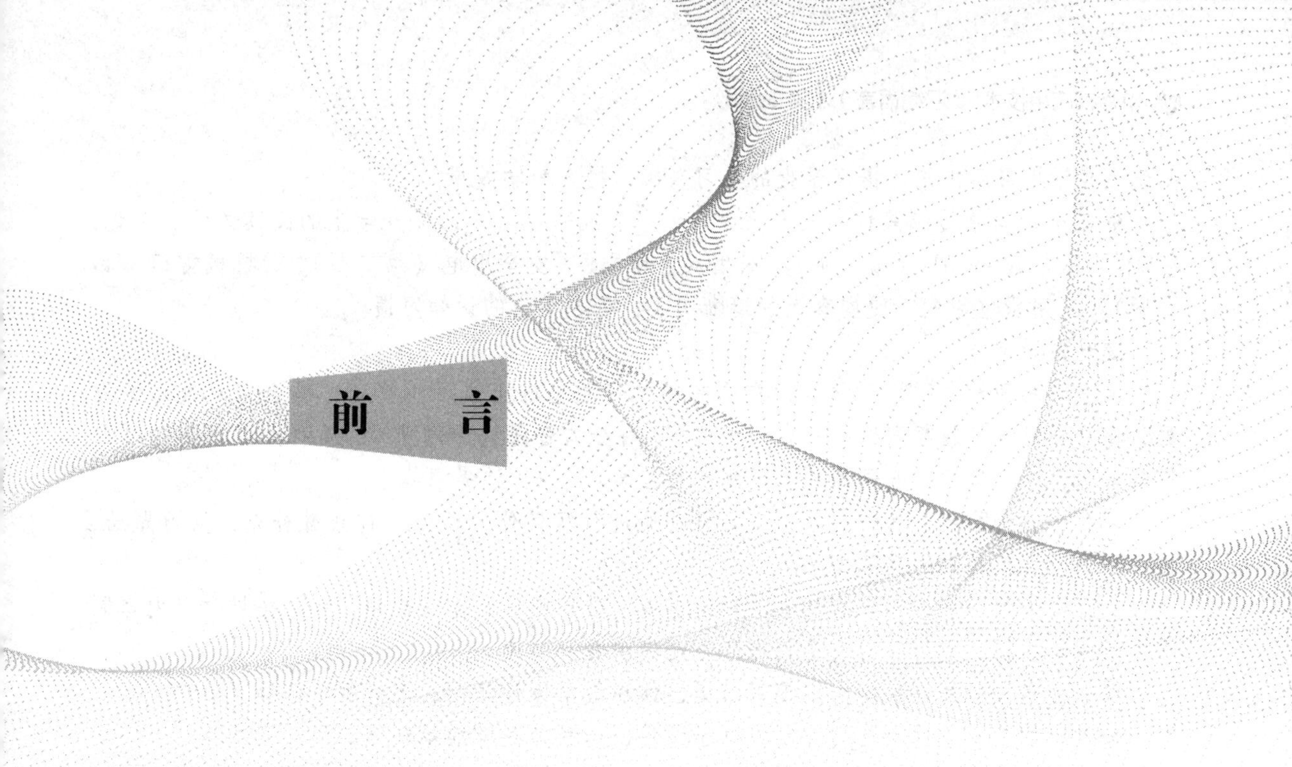


为了更好地适应高级技工学校电气自动化设备安装与维修专业的教学要求，全面提升教学质量，人力资源社会保障部教材办公室组织有关学校的一线教师和行业、企业专家，在充分调研企业生产和学校教学情况、广泛听取教师使用反馈意见的基础上，吸收和借鉴各地技工院校教学改革的成功经验，对现有全国高级技工学校电气自动化设备安装与维修专业教材进行了修订（新编）。

本次教材修订（新编）工作的重点主要体现在以下几个方面。

**更新教材内容**

◆ 根据企业岗位需求变化和教学实践，针对初中生源和高中生源培养高级工的教学要求，确定学生应具备的知识与能力结构，调整部分教材内容，增补开发教材，使教材的深度、难度、广度与实际需求相匹配。

◆ 根据相关专业领域的最新技术发展，推陈出新，补充新知识、新技术、新设备、新材料等方面的内容，更新设备型号及软件版本。

◆ 根据现行国家标准、行业标准编写教材，保证教材的科学性和规范性。

◆ 在专业课教材中进一步强化一体化教学理念，将工艺知识与实践操作有机融为一体，构建“做中学”“学中做”的学习过程；在通用专业知识教材中注重课堂实验和实践活动的设计，将抽象的理论知识形象化、生动化，引导教师不断创新教学方法，实现教学改革。

**优化呈现形式**

◆ 创新教材的呈现形式，尽可能使用图片、实物照片和表格等形式将知识点生动地展示出来，提高学生的学习兴趣，提升教学效果。

◆ 部分教材将传统黑白印刷升级为双色印刷或彩色印刷，提升学生的阅读体验。例如，《工程识图与 AutoCAD（第二版）》采用双色印刷，《安全用电（第二版）》《机械常识（第二版）》采用彩色印刷，使内容更加清晰明了，符合学生的认知习惯。

**提升教学服务**

为方便教师教学和学生学习，在原有教学资源基础上进一步完善，结合信息技术的发展，充分利用技工教育网这一平台，构建“1 种纸质资源（习题册）+4 种互联网资源（二维码资源、电子教案、电子课件、习题参考答案）”的教学资源体系。

习题册——除配合教材内容对现有习题册进行修订外，还为多种教材补充开发习题册，进一步满足学校教学的实际需求。

二维码资源——在部分教材中，针对重点、难点内容制作微视频，针对拓展学习内容制作电子阅读材料，使用移动设备扫描即可在线观看、阅读。

电子教案——结合教材内容编写教案，体现教学设计意图，为教师备课提供参考。

电子课件——依据教材内容制作电子课件，为教师教学提供帮助。

习题参考答案——提供教材中习题及配套习题册的参考答案，为教师指导学生练习提供方便。

电子教案、电子课件、习题参考答案均可通过技工教育网（http://jg.class.com.cn）下载使用。

**致谢**

本次教材的修订（新编）工作得到了辽宁、江苏、山东、河南、湖北、广东、广西等省（自治区）人力资源社会保障厅及有关学校的大力支持，在此我们表示诚挚的谢意。

**人力资源社会保障部教材办公室**

**2022 年 11 月**

# 目　录


## 项目一 | 认识单片机 / 1

任务 1　认识单片机结构及应用　/ 1
任务 2　单片机最小系统制作　/ 8

## 项目二 | 认识单片机开发软件 / 14

任务 1　Keil 开发软件的应用　/ 14
任务 2　Proteus 仿真软件的应用　/ 23
任务 3　在线编程 ISP 软件的应用　/ 32

## 项目三 | I/O 输入输出应用 / 38

任务 1　点亮 LED 指示灯　/ 38
任务 2　LED 指示灯闪烁显示　/ 46
任务 3　花样彩灯显示　/ 58
任务 4　流水灯显示　/ 65
任务 5　键控流水灯　/ 73

## 项目四 | LED 数码管显示器 / 81

任务 1　数码管静态显示　/ 81
任务 2　数码管动态显示　/ 88

项目五 | 中断控制应用 / 97

任务 直流电动机控制 / 97

项目六 | 定时/计数器应用 / 106

任务1 提示音发生器设计 / 106
任务2 倒数计时器设计 / 117
任务3 生产线自动打包控制器设计 / 122

项目七 | 串口通信应用 / 127

任务 双机通信设计 / 127

项目八 | 单片机综合应用 / 140

任务1 篮球赛计分器设计与制作 / 140
任务2 烟雾报警器设计与制作 / 148
任务3 智能蓝牙灯设计与制作 / 161

附 录 | MCS-51 系列单片机指令表 / 171

# 项目一 认识单片机

当今社会，单片机已渗透到我们生活的各个领域，几乎很难找到哪个领域没有单片机的踪迹，其中应用最广泛的便是自动化领域。这些自动化控制系统的核心部件之一就是单片机，它使得传统生产设备变得智能化，例如自动生产线控制、电动机控制、温度控制等。如图1－0－1所示是常见的STC单片机芯片。

图1－0－1　单片机芯片

## 任务1　认识单片机结构及应用

### 学习目标

1. 了解单片机的发展情况。
2. 通过查询资料，知道单片机的特点及应用。
3. 能识别MCS－51系列单片机型号。
4. 能熟记MCS－51系列单片机引脚功能。
5. 能自行查询资料，并与他人分享单片机结构及应用。

### 任务引入

单片机是各种自动控制、智能检测系统的核心部件，掌握其结构、功能和作用，对于设计符合需求的智能产品是十分必要的。本任务就来认识 MCS－51 系列单片机中有代表性的 STC89C51RC 单片机芯片的型号、引脚，熟悉其引脚功能及应用。

## 相关知识

### 一、初识单片机

#### 1. 单片机的概念

单芯片微型计算机简称单片机，它是在一块芯片上集成了中央处理器（CPU）、存储器、I/O 接口电路等功能部件而构成的一个完整的单芯片微型计算机，通常单片机又被称为微型处理器（MCU）。

#### 2. 单片机的特点

（1）体积小、成本低、有优异的性价比。

（2）集成度高、有很高的可靠性、便于生产便携式产品。

（3）低功耗、低电压、抗干扰能力强。

（4）扩展功能强。单片机的系统扩展和系统配置较典型、规范，容易构成各种规模的应用系统。

#### 3. 单片机的应用

由于单片机具有显著的优点，它已成为科技领域的有力工具，人类生活的得力助手。它的应用遍及各个领域，常见产品如图 1－1－1 所示。

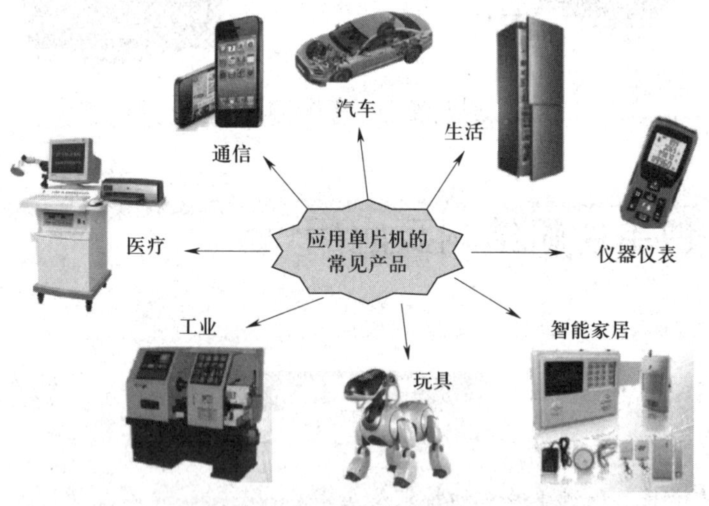


图 1－1－1　常见产品

### 二、MCS－51 单片机的结构

51 单片机内部结构框图如图 1－1－2 所示。代表性的 STC89C51 单片机的内部结构图如图 1－1－3 所示。

STC89C51 单片机内部主要包括以下几大部分：

（1）中央处理器 CPU。

（2）振荡器和时钟电路。

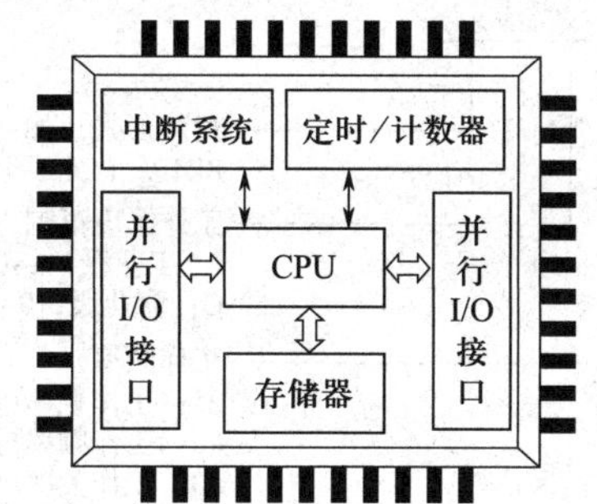

图 1-1-2　51 单片机内部结构框图

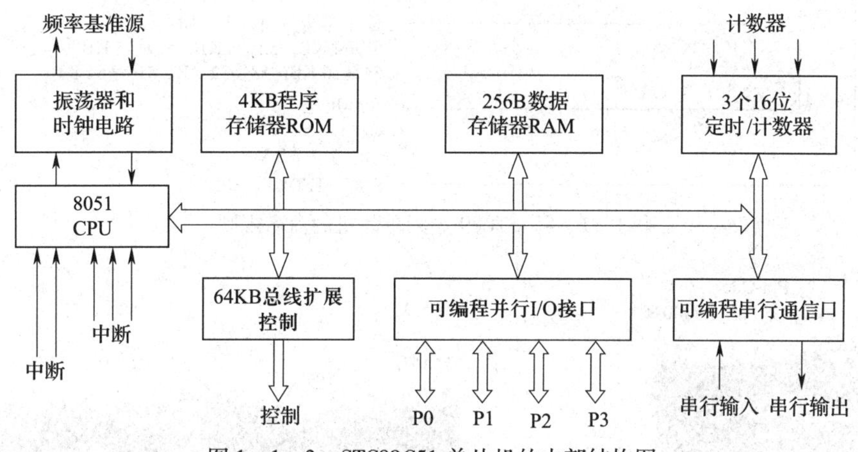

图 1-1-3　STC89C51 单片机的内部结构图

（3）并行输入/输出（I/O）接口。

（4）定时/计数器。

（5）全双工串行通信口。

（6）中断源。

（7）数据存储器 RAM。

（8）程序存储器 ROM。

## 三、MCS-51 单片机的型号识读、封装及引脚功能

### 1. 单片机型号识读

单片机种类繁多，发展迅速，主要的代表性单片机厂商有：Renesas、TI、ST、Microchip、ARM、STC、NXP、Infineon、PSoC 等。各大公司生产的单片机都有自己的型号编码规则，用户依据单片机的型号编码可以很方便地了解单片机性能、封装、适用范围等信息。例如，STC89 系列单片机的命名规则如图 1-1-4 所示。

### 2. 单片机的封装

目前单片机的种类繁多，各个企业推出了适合于相关领域的封装。51 系列单片机比较主流的封装形式有 PDIP、PLCC、LQFP 和 SOP 四种封装形式。例如，STC89C51RC 单片机包含有 PDIP40、PLCC44、LQFP32 和 SOP32 封装，如图 1-1-5 所示。

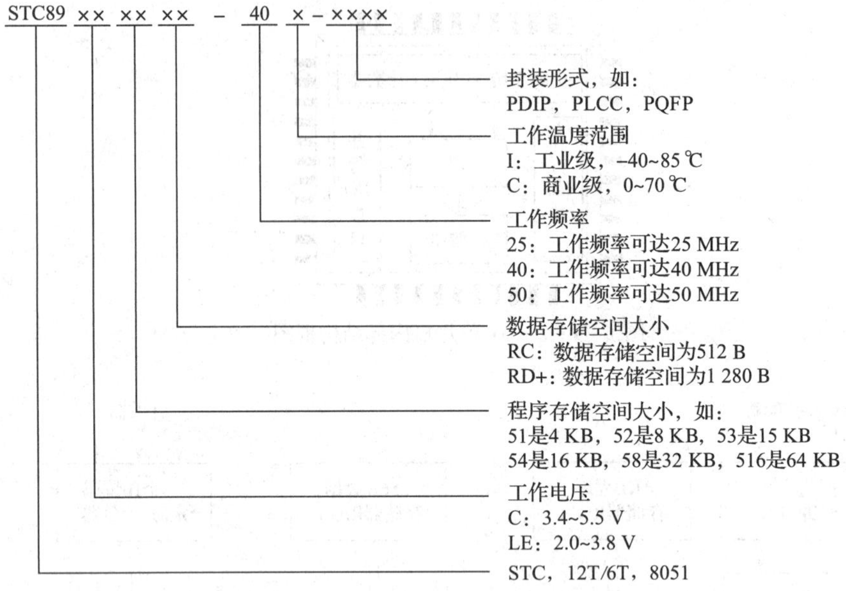


图 1-1-4　STC89 系列单片机的命名规则

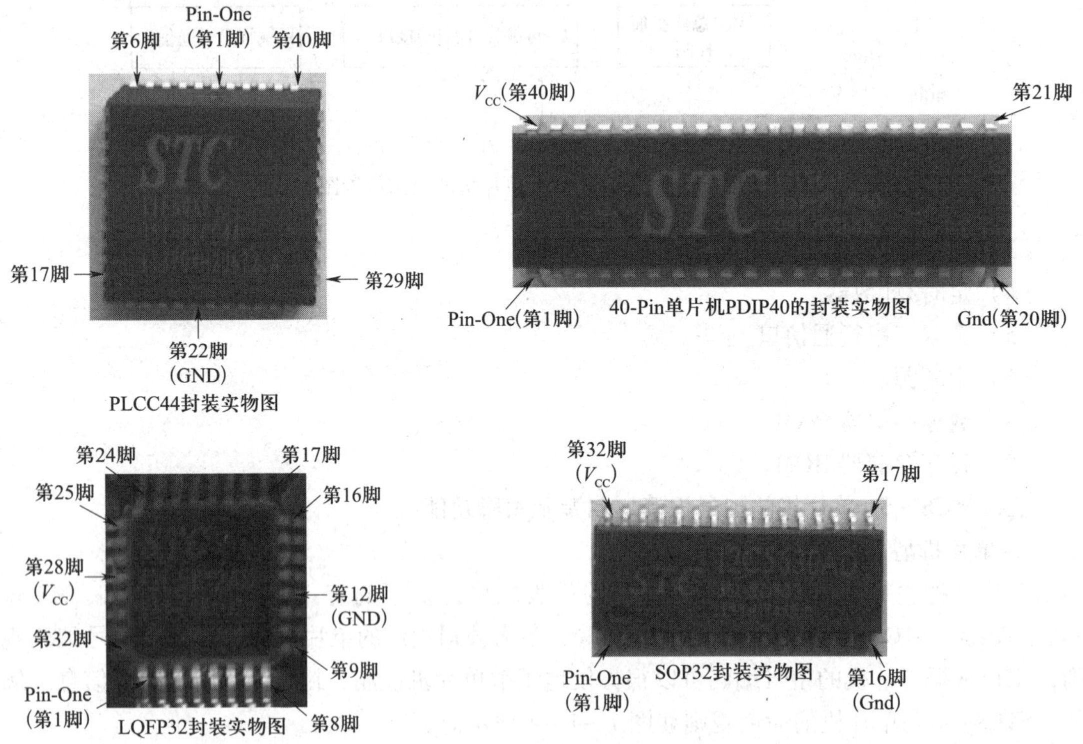


图 1-1-5　STC89C51RC 单片机的封装

### 3. 单片机引脚功能

PDIP40 封装的 STC89C51 单片机共有 40 个引脚，如图 1-1-6 所示。其引脚可以划分为以下四大类：

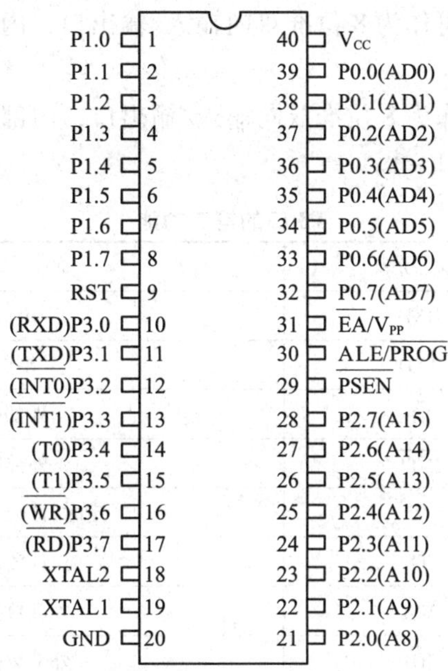


图 1－1－6　PDIP40 封装的 STC89C51 单片机引脚

（1）电源引脚

$V_{CC}$（40 脚）：电源正极。

GND（20 脚）：电源负极，接地。

（2）时钟引脚

XTAL1（19 脚）：内部时钟电路反相放大器输入端，接外部晶振一个引脚。当直接使用外部时钟源时，接外部时钟源的输出端。

XTAL2（18 脚）：内部时钟电路反相放大器输出端，接外部晶振一个引脚。当直接使用外部时钟源时，该引脚悬空。

（3）控制引脚

RST（9 脚）：复位脚。当 RST 引脚出现持续两个机器周期以上的高电平时，单片机实现复位操作。

$\overline{EA}/V_{PP}$（31 脚）：片外程序存储器控制端/编程电源端。当$\overline{EA}$引脚为低电平时，访问片外程序存储器；$V_{PP}$端是片内 Flash 存储器编程时允许电源 +12 V 的输入端。

ALE/$\overline{PROG}$（30 脚）：地址锁存控制信号/EPROM 编程脉冲输入端。

$\overline{PSEN}$（29 脚）：外部程序存储器读选通信号。当 CPU 读取外部存储器时，$\overline{PSEN}$为低电平，开始对外部程序存储器读操作。

（4）I/O 引脚

P0 口（32～39 脚）：既可作为输入/输出口，也可作为地址/数据复用的总线口。当作为 8 位的准双向输入/输出口时，由于 P0 口内部无上拉电阻，所以必须外接上拉电阻；当作为地址/数据复用总线时，为低 8 位地址线［AD0～AD7］/数据线［D0～D7］，无需外接上拉电阻。

P1 口（1～8 脚）：作为 8 位准双向输入/输出口，内部带上拉电阻。

P2 口（21～28 脚）：既可作为 8 位准双向输入/输出口，内部带上拉电阻，也可作为高 8 位的地址总线［A8～A15］。

P3 口（10～17 脚）：可作为 8 位准双向输入/输出口，内部带上拉电阻。除此之外，P3 口还具有第二功能，见表 1－1－1。

**表 1－1－1　　P3 口的第二功能**

| 引脚 | 第二功能 | 功能说明 |
|---|---|---|
| P3.0 | RXD | 串口数据接收端 |
| P3.1 | TXD | 串口数据发送端 |
| P3.2 | $\overline{\mathrm{INT0}}$ | 外部中断 0 输入端 |
| P3.3 | $\overline{\mathrm{INT1}}$ | 外部中断 1 输入端 |
| P3.4 | T0 | 定时/计数器 T0 的外部输入端 |
| P3.5 | T1 | 定时/计数器 T1 的外部输入端 |
| P3.6 | $\overline{\mathrm{WR}}$ | 外部数据存储器写脉冲 |
| P3.7 | $\overline{\mathrm{RD}}$ | 外部数据存储器读脉冲 |

## 任务实施

### 一、任务准备

准备 STC89C51RC 单片机若干块，用户手册和学生用书。

### 二、识别单片机

查阅资料，参考用户手册识别不同厂家的单片机主要性能参数，并列表说明 STC89C51RC 单片机和 AT89S51 单片机有哪些不同。

### 三、绘制单片机引脚图

识别不同封装的 STC89C51RC 单片机，查阅 STC 单片机用户手册，绘制 LQFP 和 PDIP 封装的 STC89C51RC 单片机引脚图。

STC89C51RC 是宏晶科技有限公司推出的一款 MCS－51 系列单片机，其引脚与传统单片机 AT89S51 通用，但在其基础上增加了定时器、中断源等。

### 四、说一说单片机主要特点及用途

查阅单片机相关资料，举例说明不同单片机的特点与用途，并进行展示说明。

### 五、填写学生用书

按照要求完成学生用书的填写。

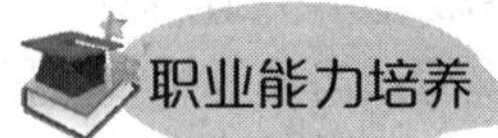


单片机生产厂家根据用户的不同需求推出了众多系列型号的单片机，试在指导教师帮助下，小组讨论如何选择单片机的系列型号，并作主题发言，介绍选定型号的单片机的特点、参数和应用场合等。

## 任务评价

根据任务考核评分表（见表 1－1－2）进行任务评价。

表 1－1－2　　任务考核评分表

| 评价项目 | 评价标准 | 配分（分） | 自我评价 | 小组评价 | 教师评价 |
|---|---|---|---|---|---|
| 职业素养 | 安全意识、责任意识、服从意识强 | 5 | | | |
| | 积极参加教学活动，按时完成各项学习任务 | 5 | | | |
| | 团队合作意识强，善于与人交流和沟通 | 5 | | | |
| | 自觉遵守劳动纪律，尊敬师长，团结同学 | 5 | | | |
| | 爱护公物，节约材料，工作环境整洁 | 5 | | | |
| 专业能力 | 单片机引脚图绘制不正确，每处扣 2 分 | 20 | | | |
| | 单片机引脚功能描述不正确，每处扣 2 分 | 40 | | | |
| | 单片机的特点归纳总结不准确，每处扣 3 分 | 15 | | | |
| 合计 | | 100 | | | |
| 总评分 | | 综合等级 | | 教师（签名） | |

注：学习任务评价采用自我评价、小组评价和教师评价三种方式，总评分＝自我评价×20%＋小组评价×20%＋教师评价×60%，评价等级分为 A（90～100）、B（80～89）、C（70～79）、D（60～69）、E（0～59）五个等级。

## 知识拓展

### 单片机存储器体系结构

STC89C51 单片机的存储器分为两种：程序存储器 ROM 和数据存储器 RAM，且各自独立编址。

1. 程序存储器（ROM）

程序存储器用于存放用户程序、数据、表格等数据信息，分为片内程序存储器和片外程序存储器。STC89C51 单片机程序存储器空间配置图如图 1－1－7 所示。

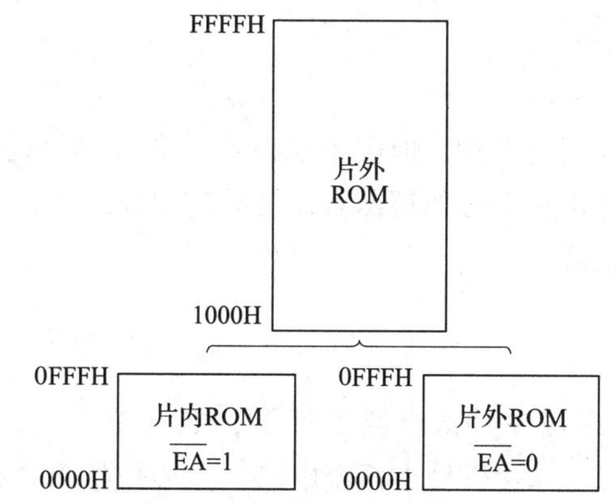


图 1－1－7　STC89C51 单片机程序存储器空间配置图

2. 数据存储器（RAM）

数据存储器也称为随机存取存储器，存储单元既可读又可写，用于存取程序运行时的中间结果数据等。STC89C51 单片机数据存储器空间配置图如图 1－1－8 所示。

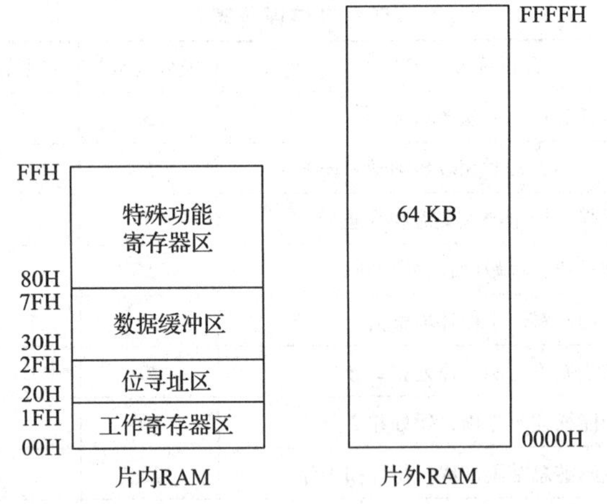


图 1－1－8　STC89C51 单片机数据存储器空间配置图

## 任务 2　单片机最小系统制作

### 学习目标

1. 通过学习 51 单片机最小系统电路的组成，会绘制单片机最小系统电路。
2. 能分析并向同学叙述单片机复位电路的工作过程。
3. 能与他人合作完成单片机最小系统电路的制作与调试。
4. 学会总结制作和调试单片机最小系统电路，并向他人分享经验。

### 任务引入

单片机是一块集成度很高的芯片，但由于晶体振荡器（简称晶振）、开关等电路无法集成到芯片上，所以要使单片机正常工作还需要添加外部电路。本任务是用 STC89C51RC 单片机设计并制作单片机最小系统。

### 相关知识

单片机最小系统是指在最少外部电路条件下，能使单片机正常工作的电路系统。如图 1－2－1 所示是 STC89C51 单片机最小系统电路，主要包括单片机、时钟电路、复位电路和电源电路。

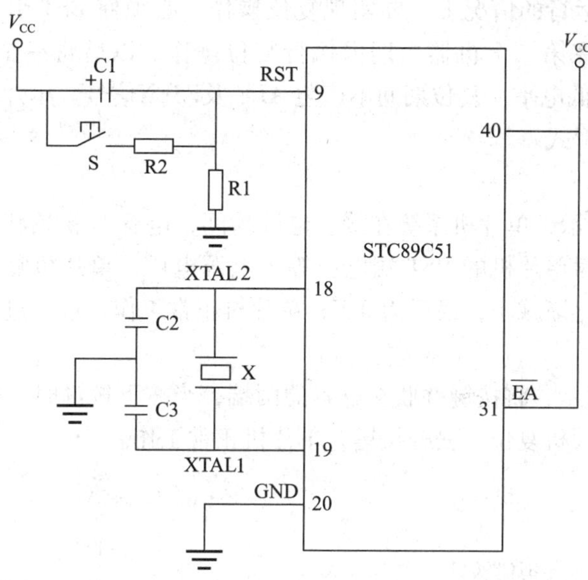


图 1－2－1 STC89C51 单片机最小系统电路

## 一、时钟电路

根据单片机产生时钟方式的不同，STC89C51 单片机时钟电路可分为内部时钟方式和外部时钟方式。单片机时钟电路如图 1－2－2 所示。

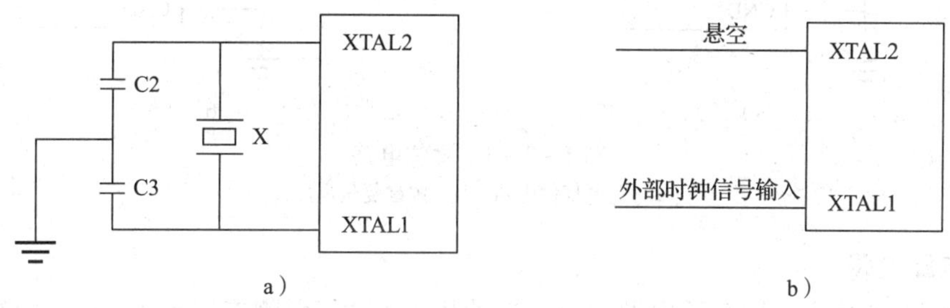


图 1－2－2 STC89C51 单片机时钟电路

a）内部时钟方式 b）外部时钟方式

### 1. 内部时钟方式电路

STC89C51 单片机内部时钟方式电路如图 1－2－2a 所示。在 XTAL1 和 XTAL2 引脚两端跨接一个晶体振荡器和两个微调电容构成振荡电路，通常 C2 和 C3 取 47 pF，晶振的频率通常取值为 12 MHz～25 MHz。

### 2. 外部时钟方式电路

外部时钟方式指单片机的时钟信号由外部时钟信号提供，脉冲信号由 XTAL1 引脚输入，XTAL2 引脚悬空。外部时钟方式电路如图 1－2－2b 所示，在单片机时钟信号频率工作范围内，根据用户需要的时钟工作频率，从外部输入时钟信号。

## 二、复位电路

单片机的复位电路如图 1－2－3 所示。在 RST 输入端出现高电平时，就能实现复位和初始化。在振荡电路运行的情况下，要实现复位操作，必须使 RST 引脚至少保持两个机器周期的高电平。CPU 在第二个机器周期内执行复位操作，以后每一个机器周期重复一次，直到 RST 输入端变为低电平。复位期间不产生 ALE 及$\overline{\text{PSEN}}$信号。单片机复位电路包括上电复位和按键复位两种形式。

**1. 上电复位形式**

如图 1－2－3a 所示，单片机系统在接上电源瞬间，电容 C 初始状态没有电荷，电容两端电压不能突变，这时单片机的 RST 端电压等于电源电压，单片机复位。随着电源给电容充电，电阻上的电压逐渐减小，最后为 0 V，单片机正常工作。这一过程称为上电复位。

**2. 按键复位形式**

如图 1－2－3b 所示，将按键并联在电容的两端，当按下按键时，单片机 RST 引脚连接到电源为高电平，单片机复位。松开按键，单片机正常工作。

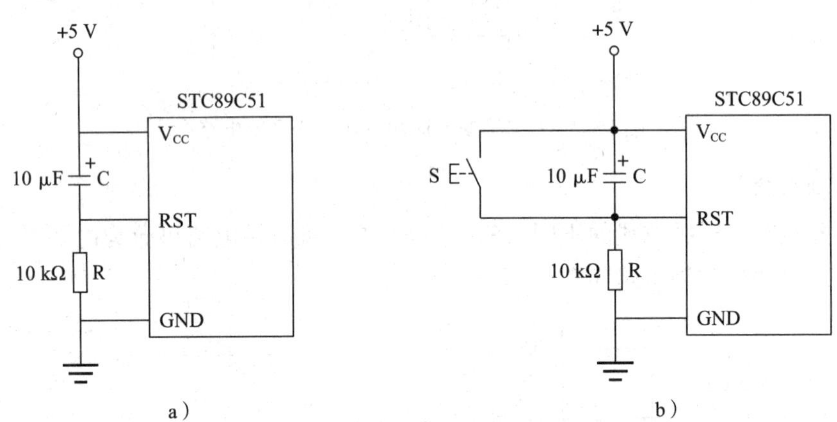


图 1－2－3　复位电路

a）上电复位电路　b）按键复位电路

### 三、电源电路

STC89C51 单片机采用 5 V 电源供电。单片机电源 $V_{CC}$引脚连接到＋5 V，通常在电源接口处连接 10 μF 和 0.1 μF 滤波电容，为单片机提供稳定电源。单片机 5 V 电压源常用 USB 供电、变压器供电、电池串联和 7805/7905 三端稳压供电等。

## 任务实施

### 一、任务准备

准备焊接工具，以及可以焊接和测试的实训室；准备构成单片机最小系统电路所需的元器件、芯片、电路板等材料；准备用户手册和学生用书。

### 二、绘制单片机最小系统电路图

查阅 STC89C51RC 单片机用户手册，绘制单片机最小系统电路图。

### 三、列出制作单片机最小系统元器件清单

根据设计绘制的单片机最小系统电路图，列出所需元器件清单，参考元器件清单见表 1－2－1。

**表 1-2-1　　参考元器件清单**

| 序号 | 元器件名称 | 型号 | 数量 |
|---|---|---|---|
| 1 | 单片机 | STC89C51RC | 1 |
| 2 | 瓷片电容 | 47 pF | 2 |
| 3 | 瓷片电容 | 0.1 μF | 1 |
| 4 | 电解电容 | 10 μF | 2 |
| 5 | 电阻 | 10 kΩ，1/4 W | 1 |
| 6 | 晶振 | 12 MHz | 1 |
| 7 | 电源 | 5 V | 1 |
| 8 | 万能板 | 7 cm×9 cm | 1 |

## 四、检测元器件

用电子仪器仪表检测表 1-2-1 所列清单中元器件质量好坏。

## 五、焊接装配电路

依据设计绘制的电路图，在万能板上完成单片机最小系统电路的焊接装配，装配效果图如图 1-2-4 所示。

图 1-2-4　装配效果图

## 六、单片机最小系统测试

将单片机连接在 +5 V 直流稳压电源上，使用万用表直流电压挡测试单片机 40 脚是否为高电平，20 脚是否为低电平，9 脚是否为低电平。使用示波器测试单片机的第 30 脚是否有方波信号输出，18 或 19 脚是否有 12 MHz 的近似正弦波。若 40 脚输出高电平，20 脚为低电平，9 脚为低电平，且有近似正弦波信号正常输出，可视为单片机工作正常。测试结果图如图 1-2-5 所示。

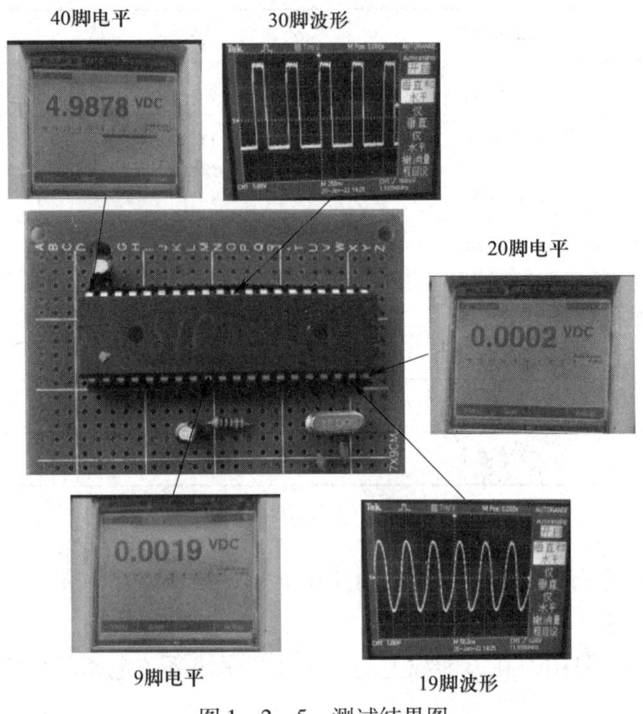


图1-2-5　测试结果图

**七、填写学生用书**

按照要求完成学生用书的填写。

各型号单片机的最小系统电路大致相同，都是由电源电路、时钟电路和复位电路组成的。试在指导教师的帮助下，查阅相关书籍或通过互联网检索，绘制典型ST单片机、PIC单片机、AVR单片机、MSP430单片机的最小系统。

## 任务评价

根据任务考核评分表（见表1-2-2）进行任务评价。

**表1-2-2　任务考核评分表**

| 评价项目 | 评价标准 | 配分（分） | 自我评价 | 小组评价 | 教师评价 |
|---|---|---|---|---|---|
| 职业素养 | 安全意识、责任意识、服从意识强 | 5 | | | |
| | 积极参加教学活动，按时完成各项学习任务 | 5 | | | |
| | 团队合作意识强，善于与人交流和沟通 | 5 | | | |
| | 自觉遵守劳动纪律，尊敬师长，团结同学 | 5 | | | |
| | 爱护公物，节约材料，工作环境整洁 | 5 | | | |

续表

| 评价项目 | 评价标准 | 配分（分） | 自我评价 | 小组评价 | 教师评价 |
|---|---|---|---|---|---|
| 专业能力 | 单片机最小系统电路图绘制不正确，每错一处扣1分 | 5 | | | |
| | 不会用电子仪表检测元器件质量好坏，每个扣2分 | 6 | | | |
| | 元器件位置、引脚焊接错误，每个扣3分 | 15 | | | |
| | 焊接粗糙、拉尖、有焊锡残渣，每处扣2分 | 6 | | | |
| | 元器件虚焊、漏焊、松动、有气孔，每处扣2分 | 8 | | | |
| | 电子仪表使用方法不正确，扣5分 | 5 | | | |
| | 测试项目不符合任务要求，每漏测1项扣1分 | 5 | | | |
| | 技术指标未达标，每项扣5分 | 25 | | | |
| 合计 | | 100 | | | |
| 总评分 | | 综合等级 | | 教师（签名） | |

注：学习任务评价采用自我评价、小组评价和教师评价三种方式，总评分 = 自我评价 ×20% + 小组评价 ×20% + 教师评价 ×60%，评价等级分为 A（90 ~ 100）、B（80 ~ 89）、C（70 ~ 79）、D（60 ~ 69）、E（0 ~ 59）五个等级。

# 认识单片机开发软件

一个单片机应用系统从提出任务到正式投入运行的过程，称为单片机的开发。开发过程所用的设备称为单片机开发工具或开发系统。单片机开发系统的结构如图2-0-1所示。单片机开发系统由计算机、通信电缆、仿真器、仿真电缆、硬件电路板以及工具软件组成。仿真器上本身带有单片机，可以模拟用户实际的单片机，随时观察程序运行的中间过程，不改变性能和结果，从而模仿现场运行。

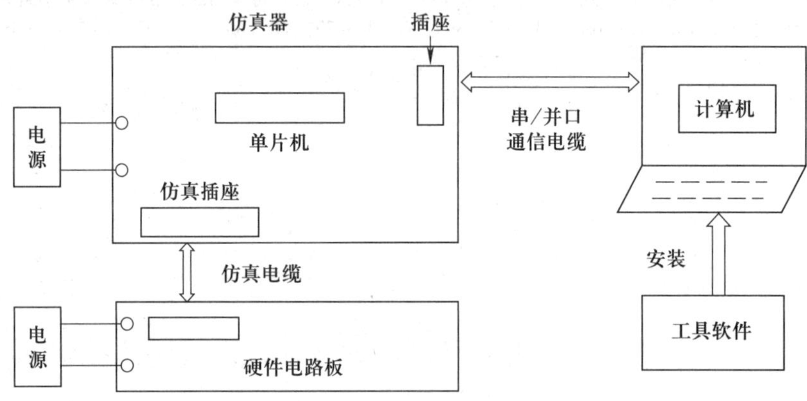


图2-0-1　单片机开发系统的结构

单片机的项目设计与软硬件开发都离不开常用的基本开发软件和开发工具。本课题从实例入手，介绍单片机开发所必备的常用Keil软件、Proteus仿真软件、程序烧录软件及单片机开发板的使用方法。

## 任务1　Keil开发软件的应用

### 学习目标

1. 能使用Keil开发软件编写程序。
2. 能自主查询资料或寻求其他人帮助。

## 任务引入

单片机完成各种控制功能是通过程序来实现的，例如，要用单片机控制一只发光二极管点亮，需要用单片机编程软件编写点亮发光二极管程序，再编译成机器代码，最后写入单片机实现控制。

Keil μVision4 是基于 Windows 平台的单片机开发环境，它集编辑、编译、仿真等于一体，是单片机初学者学习 MCS－51 系列单片机编程最流行的软件之一。本任务将通过完成点亮一个发光二极管程序的编写及仿真，熟练掌握 Keil μVision4 软件的使用方法。

## 相关知识

### 一、Keil μVision4 软件工作界面

Keil μVision4 软件工作界面如图 2－1－1 所示。

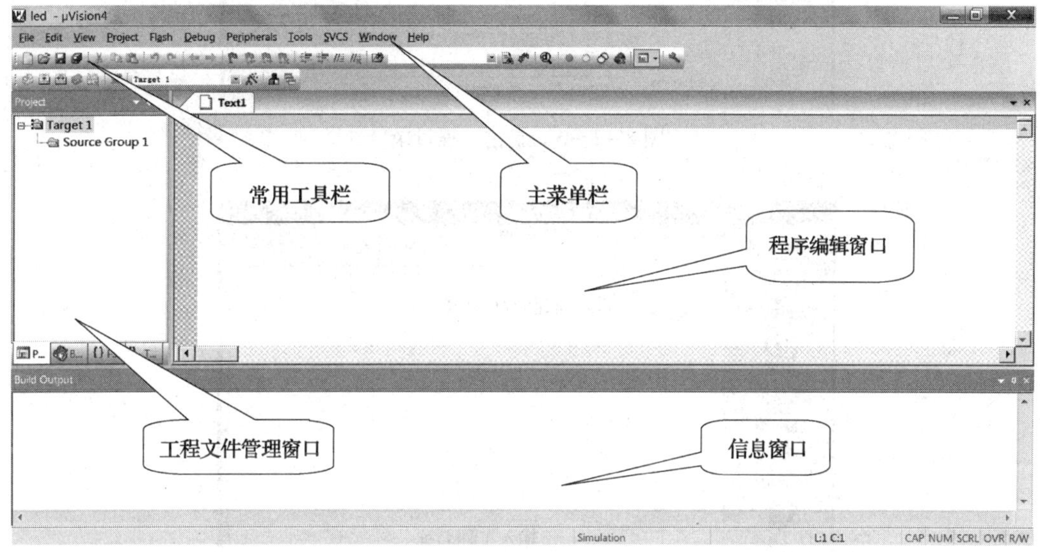


图 2－1－1　Keil μVision4 软件工作界面

### 二、建立工程项目文件

1. 单击菜单栏【Project】→【New μVision Project】，如图 2－1－2 所示。

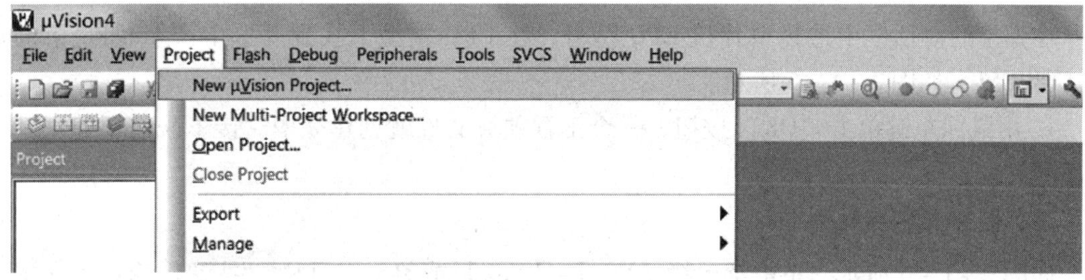


图 2－1－2　新建工程菜单

2. 在弹出的对话框中选择保存路径，新建一个空文件夹，把工程文件放到里面，以避免和其他文件混合，如创建一个名为“led”的文件夹，如图2-1-3所示。

3. 选中新建的“led”文件夹，单击图2-1-3中的“打开”按钮进入新建的目录led，给这个工程起名（如为led，不需要填写后缀）并保存，如图2-1-4所示。

图2-1-3　新建工程目录

图2-1-4　新建工程名称

在弹出的对话框中选择单片机CPU型号，在CPU类型下找到并选中“Atmel”下的选项AT89C51，如图2-1-5所示。

4. 用鼠标左键单击“OK”按钮，一个工程项目文件就创建完毕。接下来需要建立一个源程序文件。

**三、新建源程序文件**

如图2-1-6所示，单击菜单栏【File】→【New】或单击工具栏按钮新建一个文本文件，即出现程序编辑窗口，如图2-1-7所示。

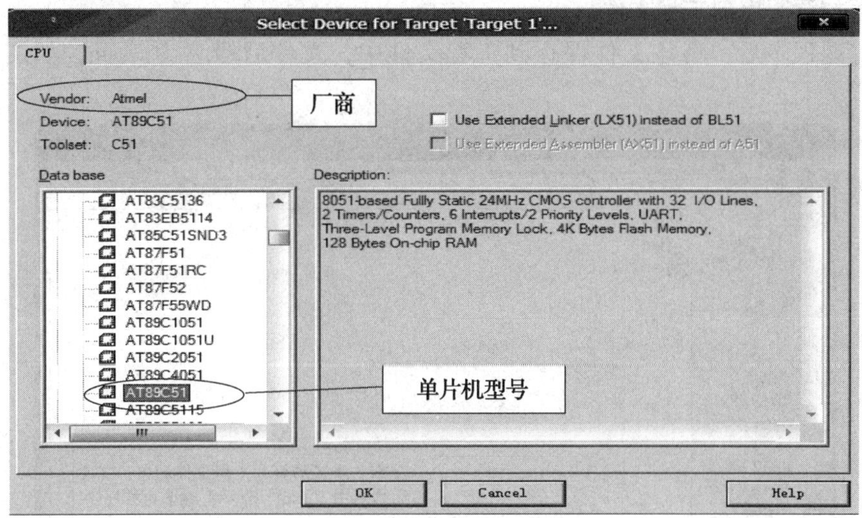


图 2－1－5　选择厂商和单片机型号

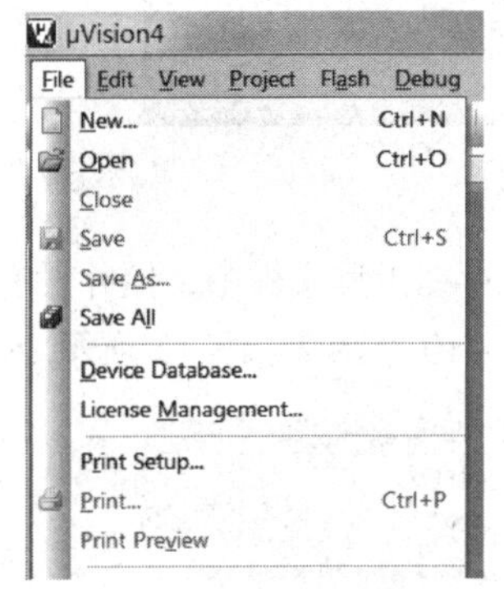


图 2－1－6　新建源程序文件

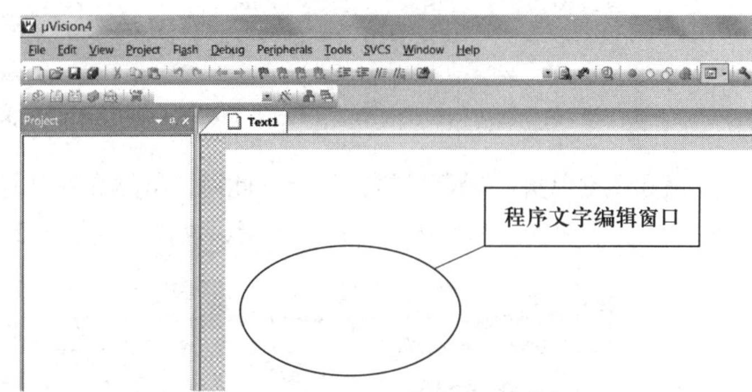


图 2－1－7　新建源程序文件的文字编辑窗口

## 四、编写源程序

在程序编辑窗口，输入汇编语言程序，界面显示如图 2－1－8 所示。

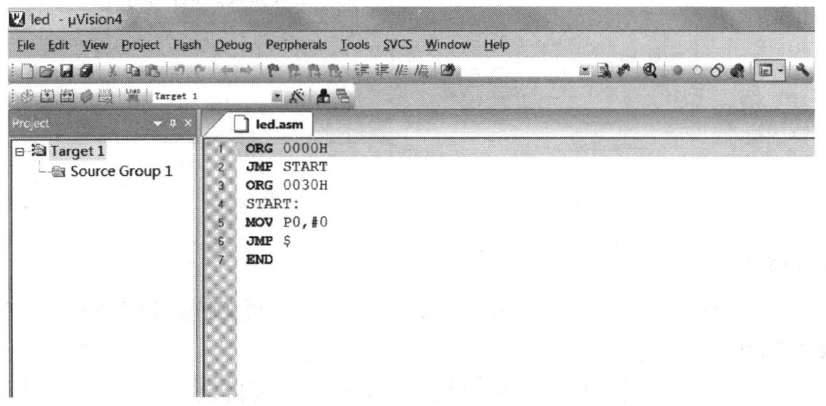


图 2－1－8　输入汇编语言程序界面

## 五、添加源程序到工程文件

编写好源程序后，将该文件保存到工程文件中，文件后缀名为 .asm，如图 2-1-9 所示。

图 2-1-9　保存汇编语言程序文件

用鼠标左键单击“保存”按钮退出。此时，虽然文件已经保存在工程文件中，但并没有加入到工程中，还需要通过命令将文件加入工程，操作过程如图 2-1-10 至图 2-1-12 所示。

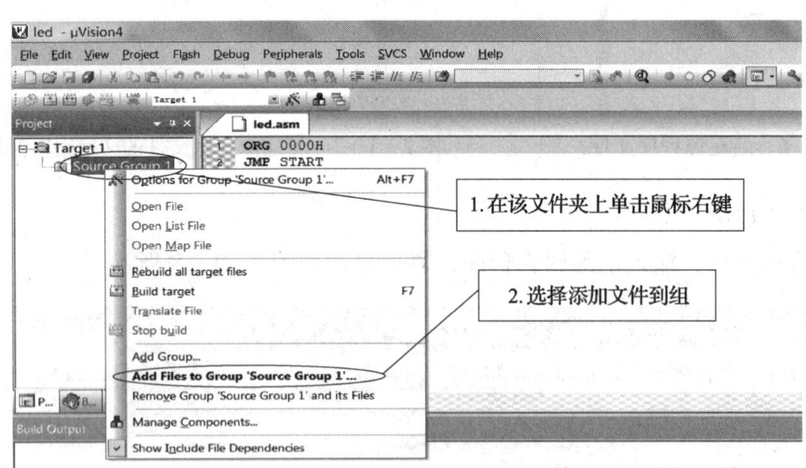


图 2-1-10　选择添加文件的菜单

## 六、编译程序

编译程序即是创建能写入到 E2PROM 中运行的十六进制文件，供 Proteus 仿真运行使用。

### 1. 设置目标文件属性

在编译前，先要设置目标文件属性。将光标移至最上层目录“Target 1”，用鼠标右键单击此项设置目标属性，或直接单击目标属性图标，如图 2-1-13 所示。

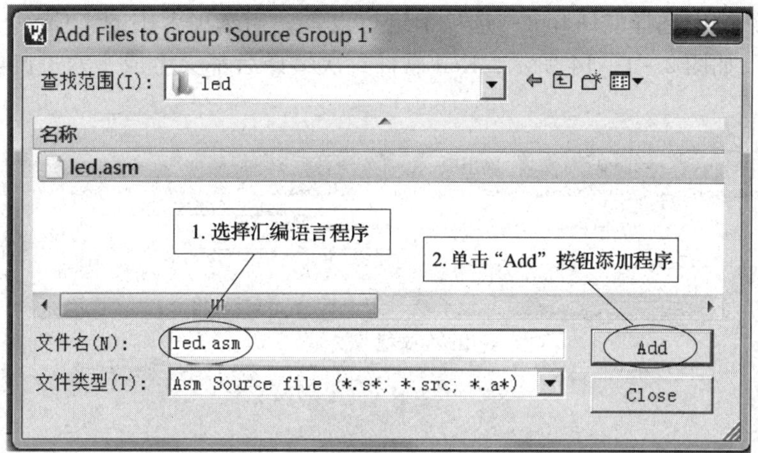


图 2－1－11　选择并添加程序文件到工程中

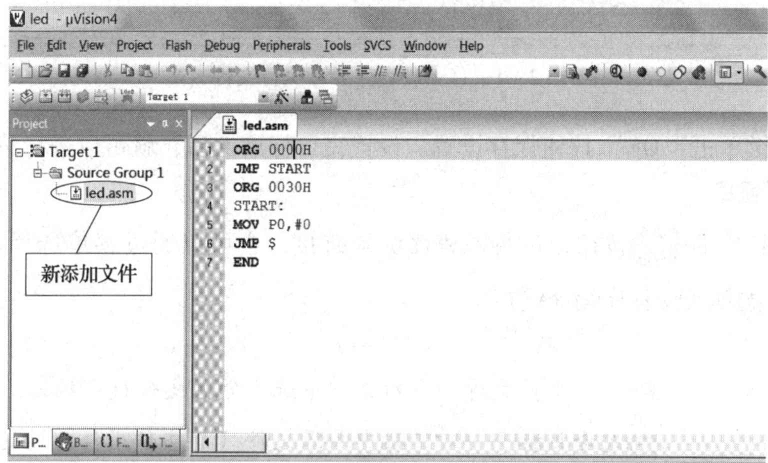


图 2－1－12　查看已添加的程序文件

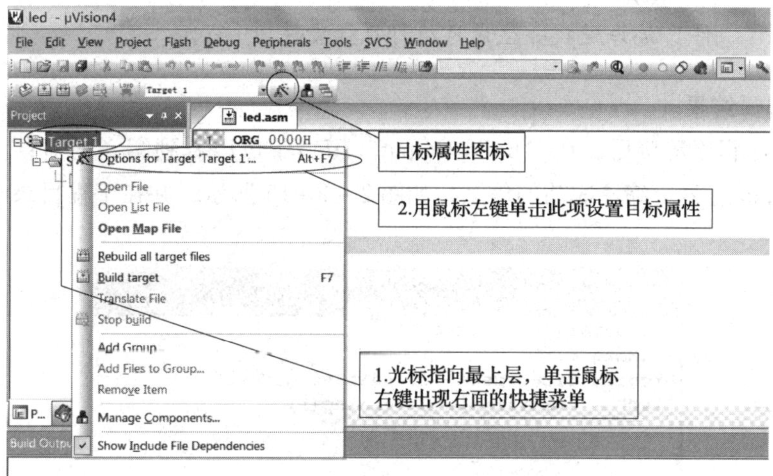


图 2－1－13　设置目标文件属性

然后在对话框中选择“Output”选项卡进行设置，当选项卡中的“Create HEX file”复选框被选中后，如图 2-1-14 所示，Keil 软件每次编译后都会生成十六进制的可执行 HEX 文件。

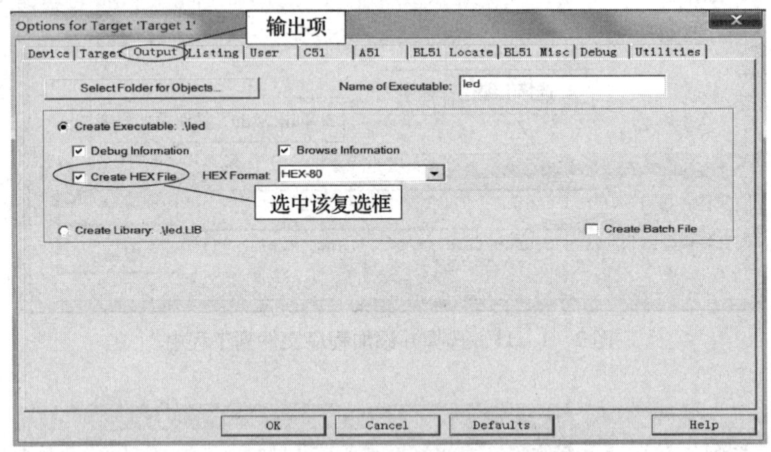


图 2-1-14　设置生成可执行文件

用鼠标左键单击“OK”按钮保存设置。设置完目标属性后，就可以进行编译了。

**2. 编译源程序**

单击工具栏中的按钮，进行源程序编译链接，也可以通过菜单选择【Project】→【build target】选项实现程序编译链接。

编译当前文件——对工程中选定的源文件进行编译。

编译目标——对工程中的源文件（新文件或修改过的文件）编译链接并生成可执行目标文件。

重新编译所有目标——对工程中的所有源文件（无论是否新文件）编译链接并生成可执行目标文件。

**3. 查看编译结果**

执行编译源程序链接后，在“Build Output”窗口中可以看到编译的信息。如果编译成功，Build Output 会显示编译成功的信息，如图 2-1-15 所示，并在工程目录下生成对应的目标文件。

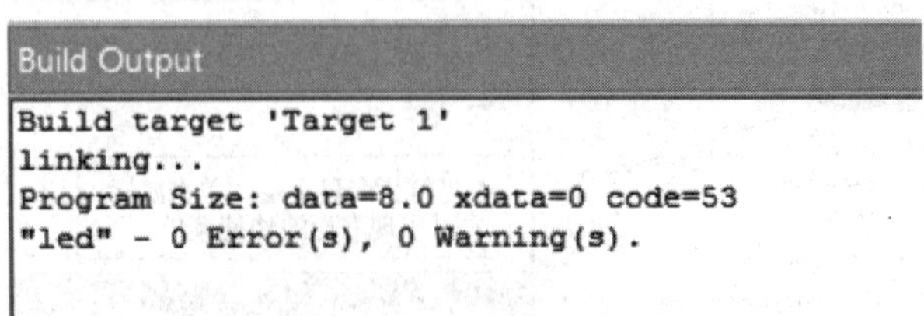


图 2-1-15　编译成功界面

如果编译出错，Keil 软件将在“Build Output”窗口中显示错误和警告信息，如图 2－1－16 所示。可双击错误提示，找到错误所在的程序行，进行程序修改，修改后再编译。

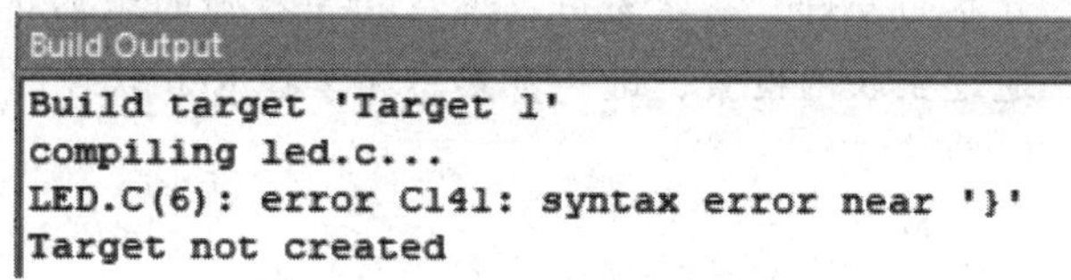


图 2－1－16　编译错误提示

## 七、程序调试

用鼠标左键单击工具栏中的“调试模式/编辑模式切换”按钮进入调试模式，也可通过菜单栏【Debug】→【Start/Stop Debug Session】（见图 2－1－17a）或者快捷键 Ctrl + F5 实现（若再单击一次该快捷键，则又切回到程序编辑状态）。调试模式运行窗口如图 2－1－17b 所示。

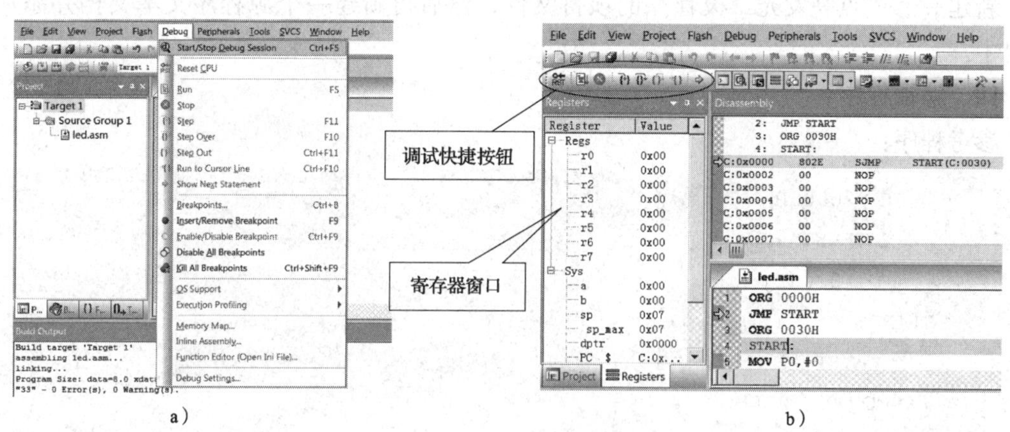


a）　　　　b）

图 2－1－17　调试运行

a）通过菜单栏进入调试模式　b）调试模式运行窗口

Keil 软件提供了单步调试、运行到光标处、连续运行、断点调试等多种调试方式，用户可根据需要选择合适的命令（如选择菜单【Debug】→【Step】/【Step over】/【Run to Cursor line】/【Run】或利用调试快捷按钮）调试程序，也可以设置断点后，连续执行程序进行调试。如程序运行到中间想从头再来，只要按按钮即可。常用调试快捷按钮的功能见表 2－1－1。

**表 2－1－1　　常用调试快捷按钮的功能**

| 符号 | 命令 | 功能 | 符号 | 命令 | 功能 |
|---|---|---|---|---|---|
| | Rst | 复位 | | Step | 指令单步 |
| | Run | 连续运行 | | Step over | 函数单步 |
| | Stop Running | 暂停 | | Run to Cursor line | 运行到光标处 |

Keil 软件提供了丰富的库函数和功能强大的集成开发调试环境，且界面友好、易学易用。试在指导教师的帮助下，查阅相关书籍或通过互联网检索，进一步熟悉和掌握 Keil 软件的使用。

## 任务实施

### 一、任务准备

准备安装有单片机开发软件的工作台，用户手册和学生用书。

### 二、软件启动

启动 Keil 软件，熟悉 μVision4 集成开发调试环境。

### 三、新建项目文件

新建一个“点亮发光二极管”的项目文件，然后再新建一个源程序文本文档并添加到项目中。

### 四、编辑程序

参考程序：

```
        ORG 0000H
        LJMP START
        ORG 0100H
    START:
        MOV SP,#30H
        MOV P1,#0FEH
        SJMP  $
        END
```

### 五、保存文件

保存文件名为“test. asm”（如该文件已存在，也可存为其他文件名）。

### 六、调试程序

切换到调试模式，单步逐条向下执行指令。每执行一条指令，用存储器窗口查看特殊功能寄存器区的 P1 和 SP 的变化。

### 七、执行程序

单击 {}→ 按钮执行指令，查看单片机端口 P1 状态，是否 P1.0 由“1”变为“0”。

### 八、填写学生用书

按照要求完成学生用书的填写。

## 任务评价

根据任务考核评分表（见表 2－1－2）进行任务评价。

表 2-1-2　　任务考核评分表

| 评价项目 | 评价标准 | 配分（分） | 自我评价 | 小组评价 | 教师评价 |
|---|---|---|---|---|---|
| 职业素养 | 安全意识、责任意识、服从意识强 | 5 | | | |
| | 积极参加教学活动，按时完成各项学习任务 | 5 | | | |
| | 团队合作意识强，善于与人交流和沟通 | 5 | | | |
| | 自觉遵守劳动纪律，尊敬师长，团结同学 | 5 | | | |
| | 爱护公物，节约材料，工作环境整洁 | 5 | | | |
| 专业能力 | Keil μVision4 工作界面每说错 1 处，扣 2 分 | 10 | | | |
| | 不能正确新建和保存源程序，扣 10 分 | 10 | | | |
| | 源程序录入不正确，每处扣 3 分 | 15 | | | |
| | 程序调试和记录不符合要求，每处扣 5 分 | 40 | | | |
| 合计 | | 100 | | | |
| 总评分 | | 综合等级 | | 教师（签名） | |

注：学习任务评价采用自我评价、小组评价和教师评价三种方式，总评分 = 自我评价 ×20% + 小组评价 ×20% + 教师评价 ×60%，评价等级分为 A（90~100）、B（80~89）、C（70~79）、D（60~69）、E（0~59）五个等级。

# 任务 2　Proteus 仿真软件的应用

## 学习目标

1. 能使用仿真软件 Proteus 绘制电路图。
2. 能使用仿真软件 Proteus 加载程序并进行仿真测试。

## 任务引入

Proteus 仿真软件是英国 Labcenter 公司推出的一款单片机虚拟硬件平台，是世界上较为先进的单片机和嵌入式系统的设计与仿真平台，它以其特有的仿真技术解决了单片机及其外围电路的设计和协同仿真问题，可以在没有单片机实际硬件的条件下，利用 Proteus 虚拟硬件平台和 Keil 软件，进行源程序代码仿真调试，验证程序的正确性。本项目任务 1 中已经用 Keil μVision4 软件编写好点亮一只发光二极管的程序，本任务将利用 Proteus 软件虚拟单片机硬件电路，进行单片机源程序代码的仿真调试。

## 相关知识

### 一、Proteus 7.10 软件工作界面

双击桌面 ISIS 7 Professional 图标或通过开始菜单打开程序 Proteus 7 Professional→ISIS 7

Professional，进入 Proteus ISIS 的开发界面。

Proteus ISIS 软件工作界面包括标题栏、菜单栏、标准工具栏、绘图工具栏、元器件选择按钮、仿真工具栏、状态栏以及预览窗口、元器件列表窗口和原理图编辑窗口等，如图 2－2－1 所示。

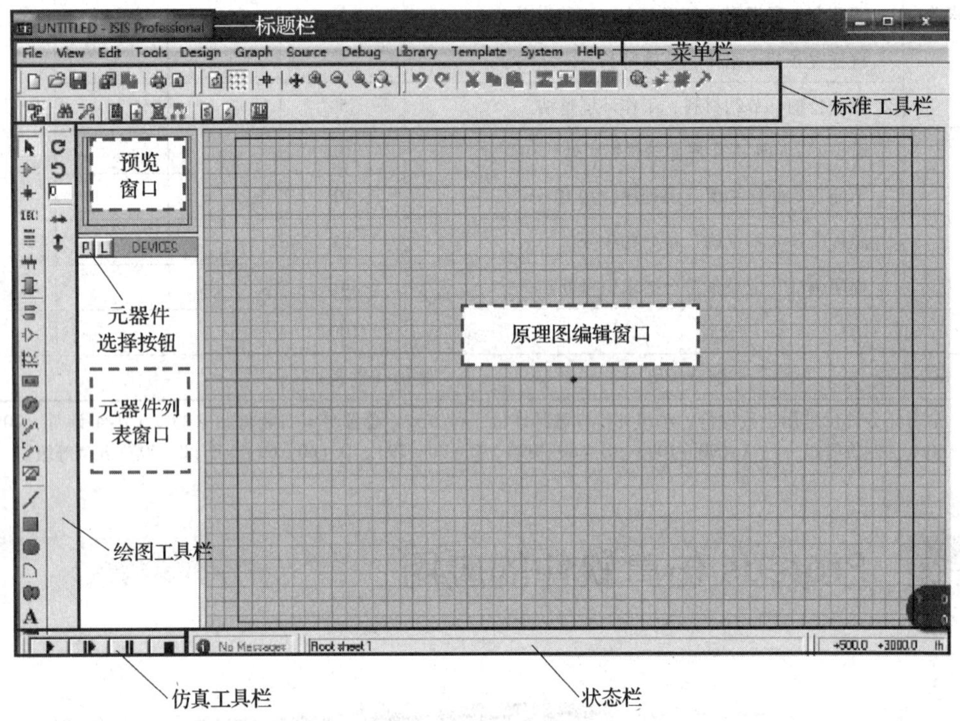


图 2－2－1　Proteus ISIS 软件工作界面

绘图工具栏为原理图的绘制提供不同的操作工具，实现不同的功能，见表 2－2－1。

**表 2－2－1　　常用绘图工具的功能说明**

| 工具按钮 | 功能说明 | 工具按钮 | 功能说明 |
|---|---|---|---|
| | 选中元器件，对元器件进行相关操作（移动，修改参数等） | | 仿真图标，用于各种分析 |
| | 选取元器件，从元器件列表区选取元器件放置到原理图编辑窗口 | | 录音机，对设计电路分割仿真时采用此模式 |
| | 放置连接点 | | 信号发生器，用于提供各种信号源 |
| LBL | 放置标签，相当于网络标号 | | 电压探针，用于仿真时显示探测点的电压 |
| | 放置文本 | | 电流探针，用于仿真时显示探测指向直流的电流 |
| | 绘制总线 | | 虚拟仪表，提供各种虚拟测量仪器，如示波器、逻辑分析仪等 |

续表

| 工具按钮 | 功能说明 | 工具按钮 | 功能说明 |
|---|---|---|---|
| | 放置子电路 | | 绘制各种直线 |
| | 按90°顺时针旋转改变元器件的方向 | | 绘制各种方框 |
| | 按90°逆时针旋转改变元器件的方向 | | 绘制各种圆 |
| | 显示元器件转过的角度，顺时针为“－”，逆时针为“＋” | | 绘制各种圆弧 |
| | 以Y轴为对称轴，按180°水平翻转元器件 | | 绘制各种多边形 |
| | 以X轴为对称轴，按180°垂直翻转元器件 | | 添加文本 |
| | 终端接口，包括$V_{CC}$、地、输入、输出和总线等 | | 添加符号 |
| | 器件引脚，用于绘制各种芯片引脚 | | 添加原点 |

仿真工具栏 各控制按钮的功能从左到右分别为：运行、单步运行、暂停、停止。

## 二、新建设计文件

打开Proteus ISIS工作界面，依次选择【File】→【Create New Design】命令，弹出选择模板窗口，如图2－2－2所示，从中选择DEFAULT模板，单击“OK”按钮，然后单击“保存”按钮，在弹出的对话框中输入文件名（如“led”）后，单击“保存”按钮，完成新建设计文件的保存，文件自动保存为“led. dsn”。其中“dsn”为Proteus设计原理图默认的扩展文件名。

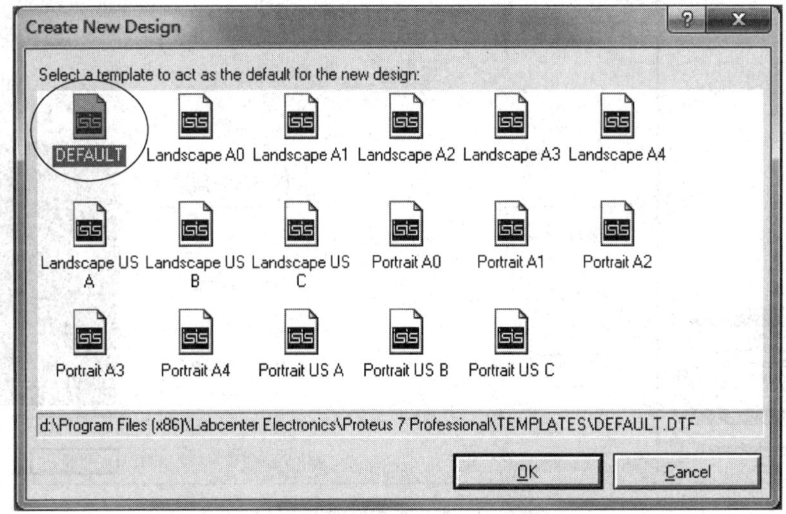


图2－2－2 选择模板窗口

新建 Proteus 设计文件前，一般需先建立单片机项目设计文件管理系统。例如，可在硬盘中建立“单片机项目设计”文件夹，再在其中建立“项目 1”子文件夹，最后在该文件夹中建立下一级“Proteus 仿真图”子文件夹。新建的 Proteus 设计文件将存放在子文件夹“Proteus 仿真图”中。

### 三、提取元器件

Proteus 7.10 提供了丰富的资源用于虚拟仿真实验，含有 30 多个元器件库、数千种元器件，涉及数字和模拟、交流和直流等。

单击工作界面中的元器件选择按钮 P，如图 2-2-3 所示，可进入“Pick Devices”界面，如图 2-2-4 所示。也可在编辑窗口空白处单击右键，选择【Place】→【Component】→【From Libraries】进入元器件库，如图 2-2-5 所示。

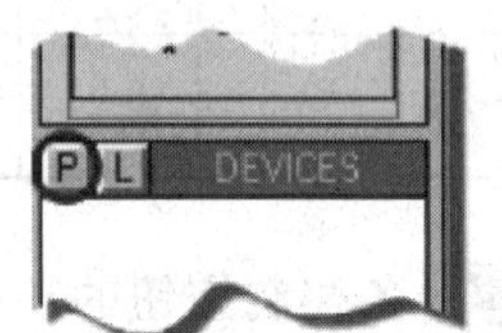


图 2-2-3　元器件选择按钮

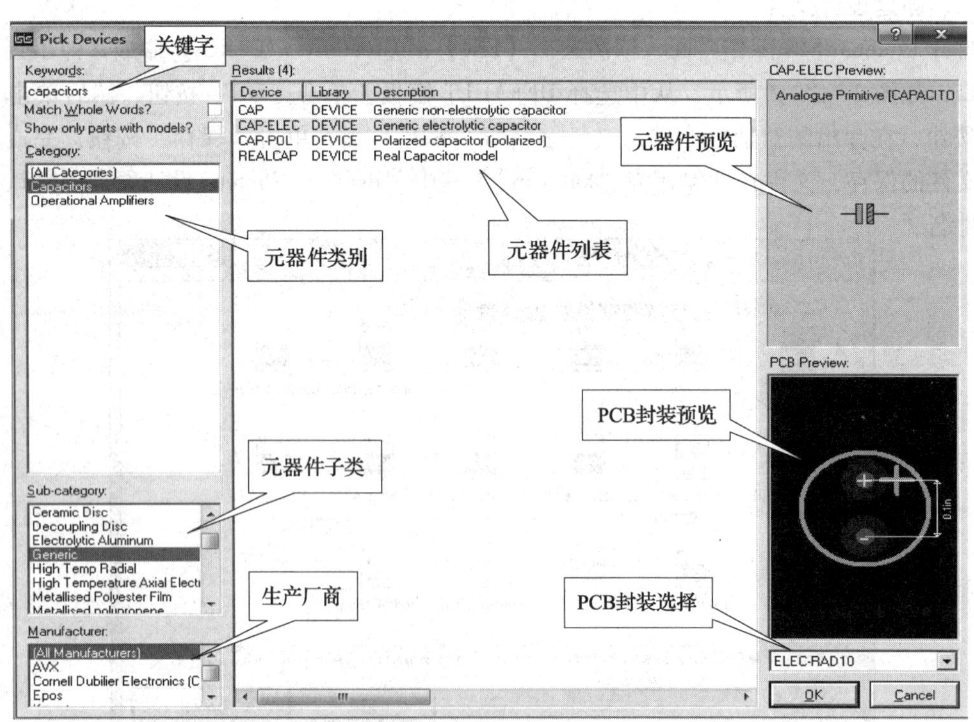


图 2-2-4　元器件选择窗口

图 2-2-5　从编辑窗口进入元器件库

提取元器件主要有两种方法：

1. 进入元器件库以后，直接在左上角的“Keywords”文本框中输入名称或描述进行查找。例如，输入 AT89C51 就可以得到如图 2-2-6 所示的与 AT89C51 相匹配的查询结果。

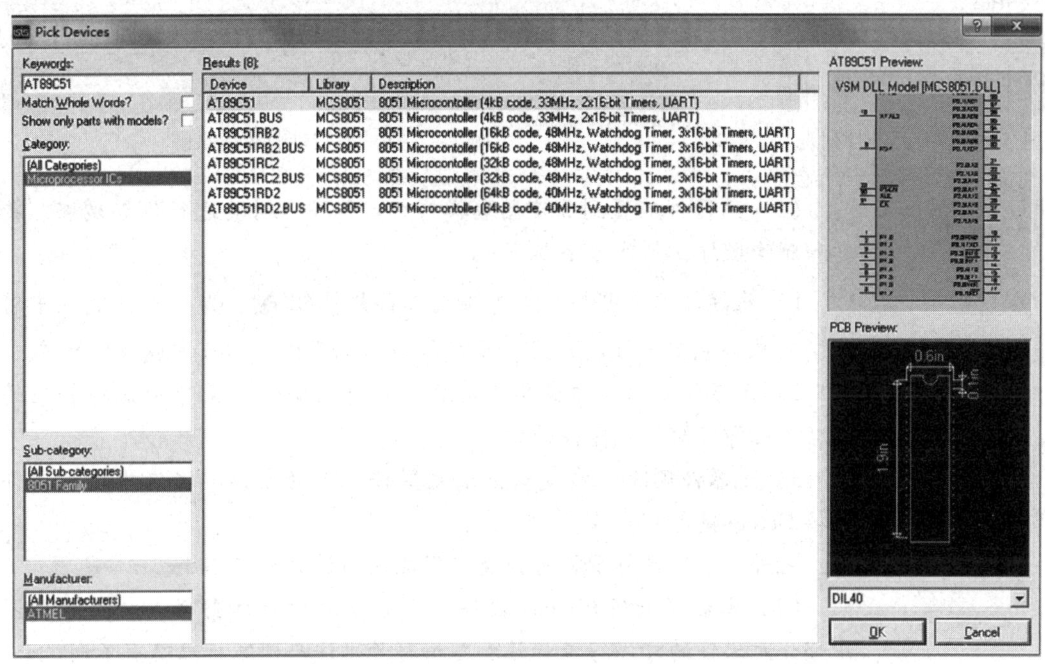


图 2-2-6　与 AT89C51 相匹配的查询结果

选择合适的元器件（如 AT89C51）所在行，单击“OK”按钮或直接双击选中器件，该器件将会添加到元器件列表中，如图 2-2-7 所示。

2. 按元器件类别→元器件子类→生产厂商查找，此时在元器件列表中会显示符合条件的元器件，然后按照封装形式选择合适的元器件，单击“OK”按钮，即可完成元器件选取。

## 四、放置元器件、电源和地

### 1. 放置元器件

（1）选中元器件列表中的元器件，将鼠标移至原理图编辑窗口，此时鼠标箭头变成笔状，单击左键并移动鼠标可选择元器件放置位置。

（2）再次单击左键，完成元器件放置。若需连续放置同一个元器件，只需继续单击左键即可。如图 2-2-8 所示为按上述步骤放置好相应元器件的效果图。

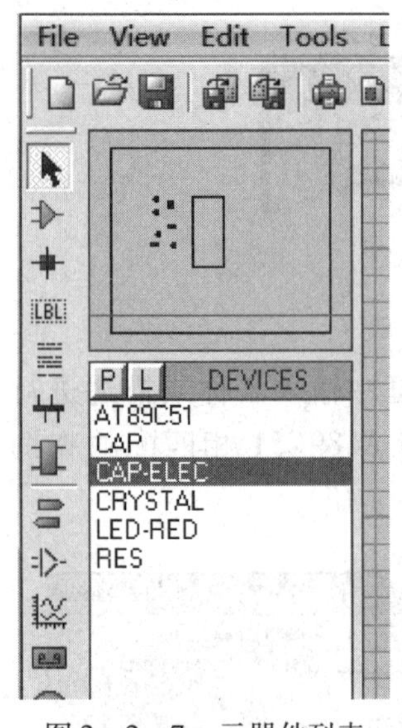


图 2－2－7　元器件列表

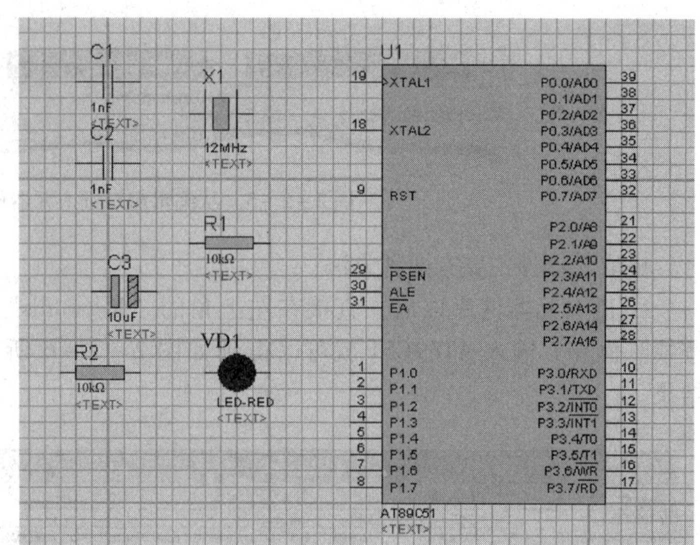


图 2－2－8　元器件放置效果图

**说明**

（1）元器件放置到原理图编辑窗口后，还可对其进行位置调整、旋转和删除操作，具体方法如下：

1）元器件位置调整。单击绘图工具栏按钮，再单击左键选中对象（对象颜色变为红色）后，用鼠标拖动元器件，即可完成移位操作。

2）元器件旋转。右键单击对象，在弹出的快捷菜单中选择相应的旋转图标即可改变元器件的方位。

3）元器件删除。右键双击该元器件，或者左键单击选中该元器件再按 Delete 键即可删除。

此外，滚动鼠标滑轮可快速实现原理图的放大与缩小。

（2）本教材采用 Proteus 软件完成电路的设计和仿真，相关电路图中部分元器件的文字符号标注和图形符号画法与国家标准略有不同。

**2. 放置电源和地**

单击绘图工具栏中的按钮，在元器件列表中选择“POWER”与“GROUND”，即对应的电源（$V_{CC}$）和地（GND），即可将其放置在原理图编辑窗口，如图 2－2－9 所示。

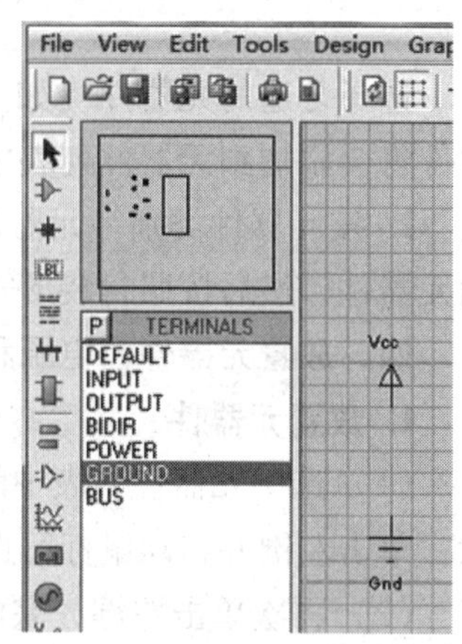


图 2－2－9　放置电源和地

## 五、编辑元器件

在原理图编辑窗口左键双击元器件，或者选中元器件单击右键，在弹出的快捷菜单中选择编辑属性，会出现“Edit Component”对话框，在该对话框中可以修改元器件属性等。

例如，左键双击图 2－2－8 中的元器件“X1”，可设置晶振频率为 12 MHz，如图 2－2－10 所示（晶振频率默认不显示，若需显示频率，可选择“Hide Name”)。又如，左键双击图 2－2－8 中的电容 C1 和 C2，可设置电容值为 22 pF，如图 2－2－11 所示。

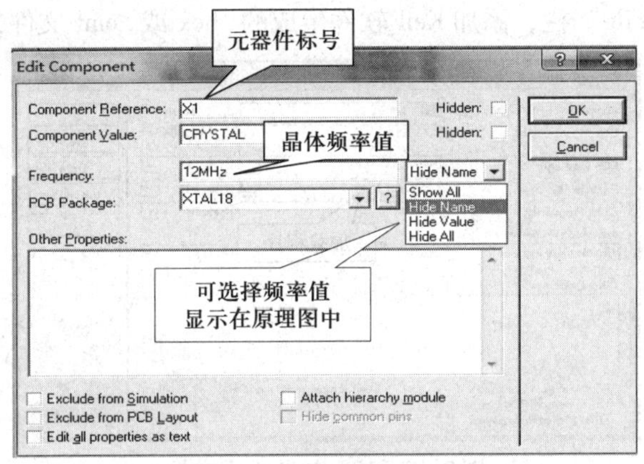


图 2－2－10　晶振属性设置对话框

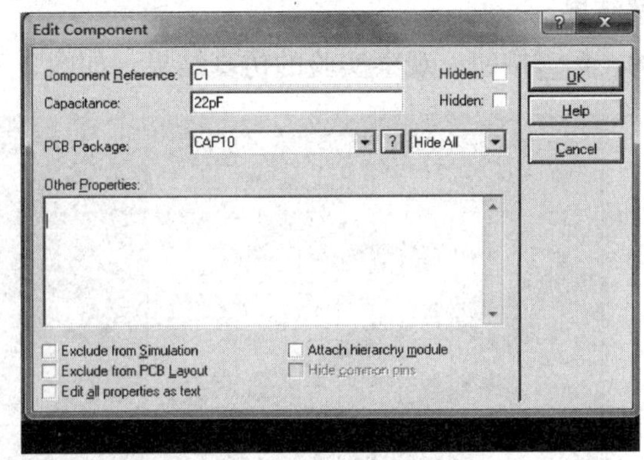


图 2－2－11　电容属性设置对话框

## 六、连线、绘制电路图

Proteus ISIS 具有自动连线功能，只需要选择一个连接的起始端和末端，它就会自动寻找合适路径进行连接。具体操作为：将鼠标放置在元器件一端，当出现红色小方框时，单击左键自动出现导线，将导线连接到其他元器件的一端，再次单击左键，完成电路连接。如图 2－2－12 所示为完成线路连接后的电路原理图。

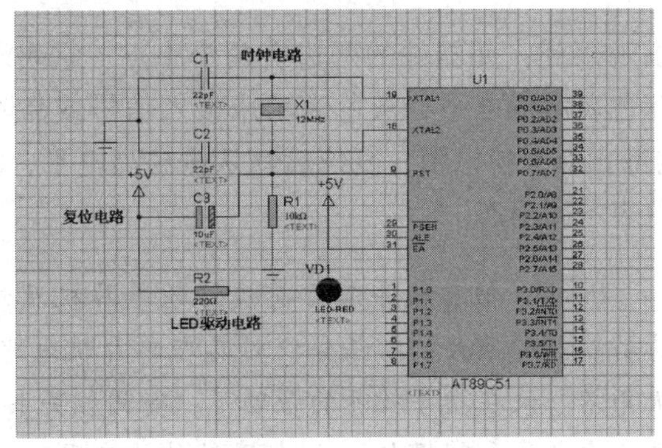


图 2－2－12　电路原理图

## 七、加载程序

保存设计文件后，双击 Proteus 仿真电路图中的 AT89C51 单片机（U1），在 AT89C51 属性对话框中的“Program File”栏，添加 Keil 软件生成的 . hex 或 . omf 文件，如图 2－2－13 所示。

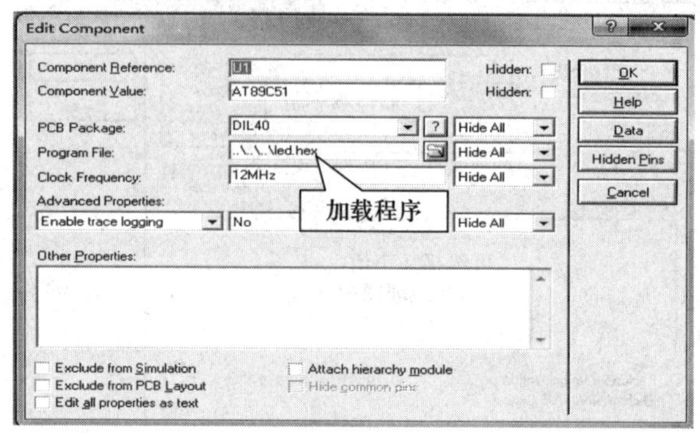


图 2－2－13　加载程序文件

## 八、运行仿真，观察结果

单击仿真工具栏中的按钮，观察实验的仿真结果，如图 2－2－14 所示。

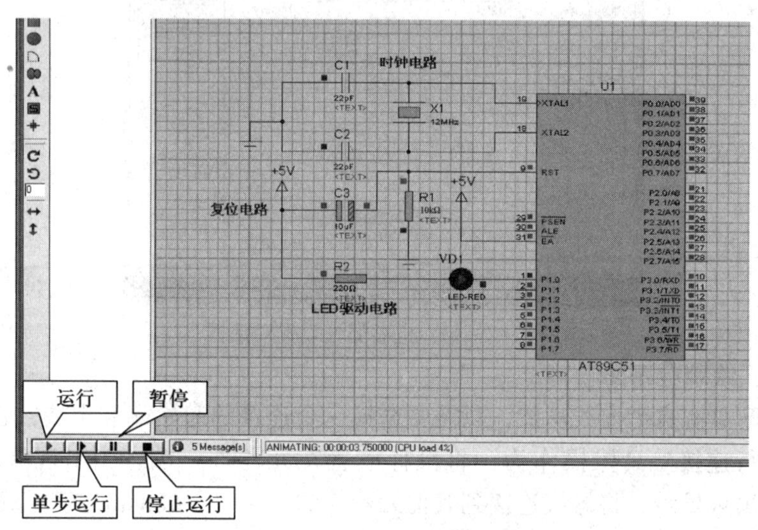


图 2－2－14　实验仿真结果

从仿真运行结果可以观察到：元器件的两边有两个小点，它表示元器件两边电平的变化，红色表示高电平，蓝色表示低电平，灰色表示未接入信号或高阻态。由于 AT89C51 单片机的 P1、P2、P3 口内部含有上拉电阻，复位后默认输出高电平，故引脚处显示红色；P0 口开漏输出，故显示灰色表示高阻态。

**职业能力培养**

Proteus 仿真软件是目前较好的单片机及外围器件的仿真软件，其功能非常强大，本任务仅对其在单片机电路仿真中的应用做了简单介绍。试在指导教师的帮助下，查阅相关书籍或通过互联网检索，进一步熟悉和掌握 Proteus 仿真软件的应用和其他功能。

## 任务实施

### 一、任务准备

准备安装有单片机开发软件的工作台，用户手册和学生用书。

### 二、软件启动

启动 Proteus7. 10 程序，新建文件并保存。

### 三、绘制电路

在 Proteus 仿真软件的原理图编辑窗口中，绘制点亮一只发光二极管的仿真电路原理图，可选用任一端口引脚接发光二极管。

**1. 按照表 2－2－2 所列清单放置电路中所需元器件。**

表 2－2－2　　点亮一只发光二极管电路元器件清单

| 元器件 | 关键字 | 参数描述 |
| --- | --- | --- |
| 单片机 U1 | AT89C51 | — |
| 电阻 R1 | resistors | 10 kΩ（0. 6 W） |
| 电阻 R2 | resistors | 220 Ω（0. 6 W） |
| 发光二极管 VD1 | Led－red（红色） | — |
| 电容 C1、C2 | capacitors | 22 pF（50 V） |
| 电解电容 C3 | capacitors | 10 μF（50 V） |
| 晶振 | crystal | 12 MHz |

**2. 放置电源、地等，并进行连线，完成电路仿真原理图的绘制。**

元器件之间不能用引脚直接搭接，一定要用导线进行电气连接。

### 四、加载程序

左键双击 Proteus 仿真电路原理图中的 AT89C51 单片机（U1），在 AT89C51 属性对话框中的“Program File”栏，添加 Keil 软件生成的 . hex 文件。

### 五、运行测试

运用运行、单步运行两种方式分别观察发光二极管仿真运行结果并记录仿真步骤。

### 六、填写学生用书

按照要求完成学生用书的填写。

## 任务评价

根据任务考核评分表（见表 2－2－3）进行任务评价。

表 2-2-3　　　　任务考核评分表

| 评价项目 | 评价标准 | 配分（分） | 自我评价 | 小组评价 | 教师评价 |
|---|---|---|---|---|---|
| 职业素养 | 安全意识、责任意识、服从意识强 | 5 | | | |
| | 积极参加教学活动，按时完成各项学习任务 | 5 | | | |
| | 团队合作意识强，善于与人交流和沟通 | 5 | | | |
| | 自觉遵守劳动纪律，尊敬师长，团结同学 | 5 | | | |
| | 爱护公物，节约材料，工作环境整洁 | 5 | | | |
| 专业能力 | Proteus 仿真软件工作界面每说错 1 处，扣 2 分 | 10 | | | |
| | 电路原理图绘制不正确，每处扣 5 分 | 35 | | | |
| | 源程序加载不正确，扣 10 分 | 10 | | | |
| | 运行仿真结果不符合要求，每修改一次扣 10 分 | 20 | | | |
| 合计 | | 100 | | | |
| 总评分 | | 综合等级 | | 教师（签名） | |

注：学习任务评价采用自我评价、小组评价和教师评价三种方式，总评分 = 自我评价 ×20% + 小组评价 ×20% + 教师评价 ×60%，评价等级分为 A（90~100）、B（80~89）、C（70~79）、D（60~69）、E（0~59）五个等级。

# 任务 3　在线编程 ISP 软件的应用

## 学习目标

1. 学会查询单片机开发板资料，掌握单片机开发板的使用方法。
2. 学会单片机在线编程仿真软件的操作方法。
3. 能使用单片机在线编程仿真软件下载运行单片机程序。
4. 能与小组成员讨论解决不同电脑下载器 USB 连接的问题。

## 任务引入

对于单片机初学者而言，用 Proteus 软件仿真学习单片机是一种行之有效的方法，但软件是虚拟的运行环境，实时性不好，有一些涉及实际硬件的仿真效果不明显，而单片机开发板可以解决软件仿真的缺陷。本任务将通过 STC 单片机开发板在线编程仿真点亮一只发光二极管，来学习单片机开发板在线编程的使用方法。

## 相关知识

### 一、STC 单片机开发板

单片机开发板是帮助初学者快速学习单片机的工具。如图 2-3-1 所示是一款 STC51 单片机通用多功能开发板，集 STC 编程、实验、开发于一体。该开发板将单片机常用的外围元器件，如流水灯、数码管、矩阵键盘、蜂鸣器、点阵显示器等部件集成在一小块电路板上，具有 ISP 在线编程功能，而且自带编程烧录功能。开发板采用了特别的设计，每个 I/O 口都可以独立的断开后再重新连接到其他硬件资源上，还特别设计了 20P 的万能插座，可以通过导线连接晶振信号（很多片内已有 RC 振荡器），对常用的 STC89C51、STC89C52、STC12C1052、STC12C2052 等 STC 系列单片机进行编程。

图 2－3－1　STC51 单片机通用多功能开发板

## 二、ISP 在线编程入门

在系统编程（In System Programmable，ISP）技术是指开发板上的单片机可以在需要时随时编程写入用户最终的二进制代码，不用将单片机取下用下载器烧录，已经编程的器件也可以用 ISP 方式擦除或再编程的技术。ISP 在线编程方式的优点是不用频繁地插拔芯片，下载速度快。ISP 在线编程只能提供给具有 ISP 功能的芯片。

使用计算机利用 ISP 软件下载可执行的机器代码到单片机的一般步骤如下：

1. 用 Keil 软件编写源程序。

2. 编译源程序，若有语法错误，重复步骤 1、2。

3. 安装 USB－串口驱动程序，连接好 USB 下载线。

（1）先不要插 USB－串口线到计算机的 USB 接口上。

（2）运行 USB 转串口驱动程序 CH340SER. EXE CH340SER.EXE，单击安装，直至出现安装驱动成功信息框。

（3）将单片机开发板的串口与计算机的 USB 端口连接。

（4）查看 USB 端口的虚拟串口号，具体方法为：打开计算机的设备管理器，单击端口，查看 USB 端口的虚拟串口号，并记住此串口号。

4. 在线下载用户程序。运行已安装的 ISP 在线编程软件，按照界面提示完成下载操作。

## 三、使用 ISP 软件在线调试 STC 单片机

1. 将数据线串口接头接到开发板上的 Micro 接口，另一接头接计算机的 USB 口。

MicroUSB串口线如图 2－3－2 所示。

2. 如用 MicroUSB串口线连接单片机开发板，则需执行这一步。

（1）右键单击“我的电脑”→“设备管理器”进入“设备管理器”窗口，如图 2－3－3 所示。

（2）打开端口项，找到连接的虚拟串口号，如图 2－3－4 所示，通常连接的虚拟串口端口是 COM3。

3. 关闭开发板上的电源。在桌面或者安装程序文件夹中找到并运行如图 2－3－5 所示的下载软件，打开如图 2－3－6 所示界面。

图 2－3－2　MicroUSB串口线

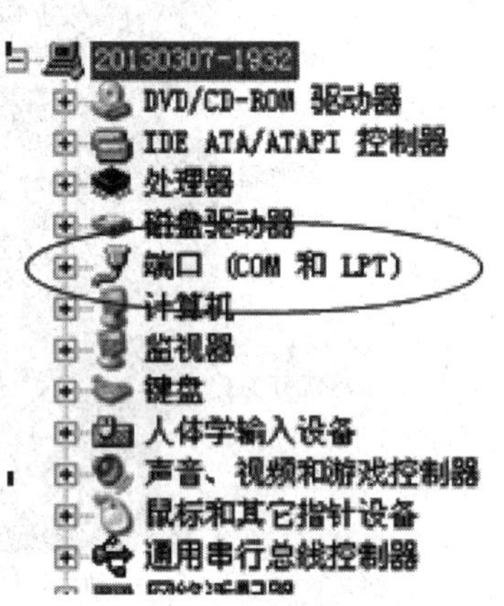


图 2－3－3　“设备管理器”窗口

图 2－3－4　虚拟串口号

图 2－3－5　普中 ISP 下载软件

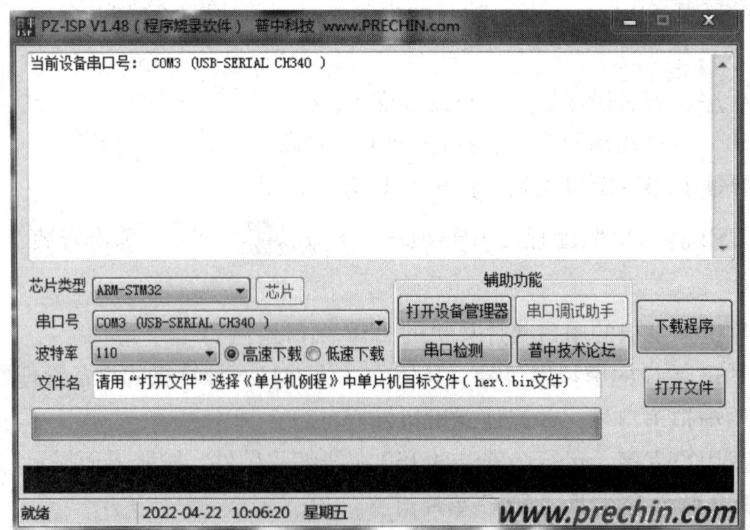


图 2－3－6　普中 ISP 程序下载界面

4. 选择单片机型号，如图 2－3－7 所示。选择要下载的程序（×××. hex 文件），然后单击“下载程序”按钮。

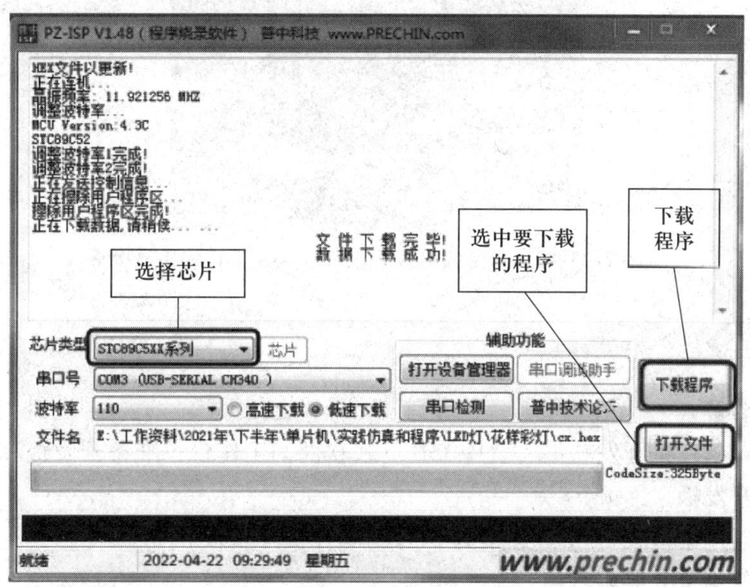


图 2－3－7　选择单片机型号

5. 查看程序下载提示信息是否下载成功，如图 2－3－8 所示。

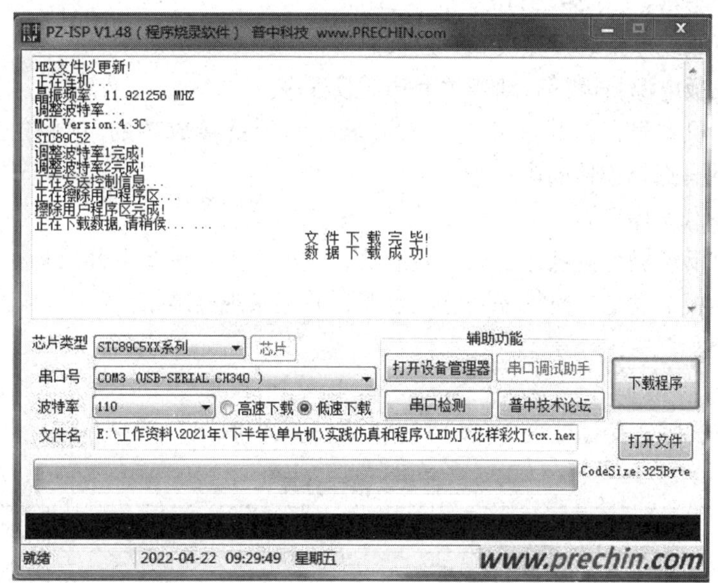


图 2－3－8　查看程序下载提示信息

6. 程序下载完成后，单片机会自动运行下载程序，观察单片机开发板的硬件执行效果，若在线运行不符合程序功能效果，则需重新调试程序并在线下载运行。单片机开发板硬件连接及运行效果显示如图 2－3－9 所示。

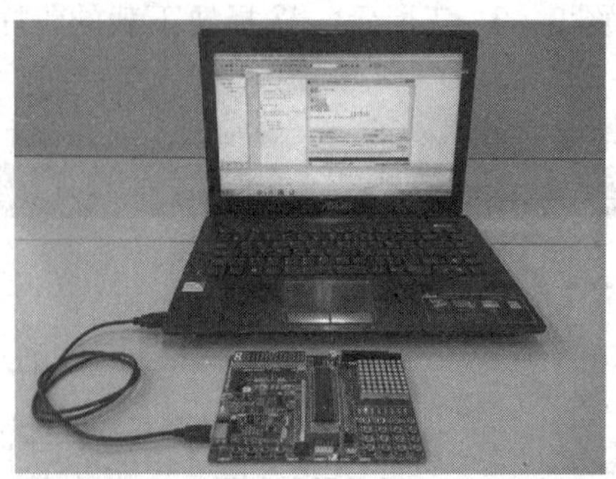

图 2-3-9　单片机开发板硬件连接及运行效果显示

## 任务实施

**一、任务准备**

准备安装有单片机开发软件、普中 ISP 下载软件的工作台，准备开发板和用户手册。

**二、连接开发板**

将计算机通过串口或 USB 口连接到 STC51 单片机开发板。

**三、运行普中 ISP 装载程序**

关闭单片机开发板电源，运行普中 ISP 装载程序。

**四、进行 STC51 单片机开发板在线仿真运行实验**

1. 选择芯片类型：STC89C51RC。
2. 用串口下载线连接好计算机和开发板。
3. 打开开发板电源，运行启动普中 ISP 下载程序。
4. 选择单片机型号，打开任务 1 中 Keil 软件编译链接成功的点亮一只发光二极管的 led. hex 目标文件，选择连接的串口号。
5. 单击“下载程序”按钮。
6. 注意观察下载提示信息，若未下载成功，找出原因，重新下载。
7. 观察开发板上发光二极管是否已经点亮，并记录观察结果。

## 任务评价

根据任务考核评分表（见表 2-3-1）进行任务评价。

**表 2-3-1　　任务考核评分表**

| 评价项目 | 评价标准 | 配分（分） | 自我评价 | 小组评价 | 教师评价 |
|---|---|---|---|---|---|
| 职业素养 | 安全意识、责任意识、服从意识强 | 5 | | | |
| | 积极参加教学活动，按时完成各项学习任务 | 5 | | | |
| | 团队合作意识强，善于与人交流和沟通 | 5 | | | |
| | 自觉遵守劳动纪律，尊敬师长，团结同学 | 5 | | | |
| | 爱护公物，节约材料，工作环境整洁 | 5 | | | |

续表

| 评价项目 | 评价标准 | | | 配分（分） | 自我评价 | 小组评价 | 教师评价 |
|---|---|---|---|---|---|---|---|
| 专业能力 | 安装普中 ISP 软件错误，扣 10 分 | | | 10 | | | |
| | 串口下载线连接错误，扣 10 分 | | | 10 | | | |
| | 普中 ISP 下载步骤不正确，每步扣 10 分 | | | 40 | | | |
| | 在线下载成功，运行显示效果不正确，扣 15 分 | | | 15 | | | |
| 合计 | | | | 100 | | | |
| 总评分 | | 综合等级 | | 教师（签名） | | | |

注：学习任务评价采用自我评价、小组评价和教师评价三种方式，总评分 = 自我评价 ×20% + 小组评价 ×20% + 教师评价 ×60%，评价等级分为 A（90～100）、B（80～89）、C（70～79）、D（60～69）、E（0～59）五个等级。

# 项目三 I/O 输入输出应用

在日常生活中经常会看到各种指示灯，例如图 3－0－1 所示的机床指示灯、交通指示灯、设备报警指示灯等。从电路分析的角度来看，指示灯只有点亮和熄灭两种状态，可以用高电平和低电平两种状态反映指示灯的控制状态，因此可用数字电路来实现，但这种控制方式复杂且不易改变控制花样，维修也很不方便。而采用单片机控制的指示灯，编程简单，成本低，控制方式灵活、维护也比较方便。

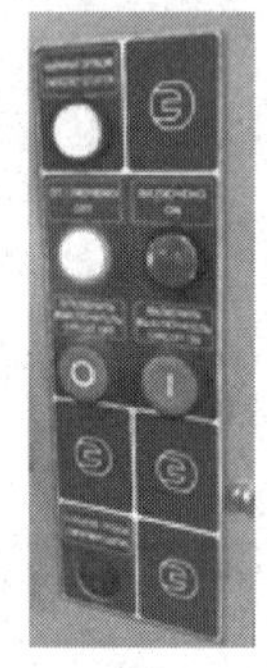

机床指示灯

交通指示灯

设备报警指示灯

图 3－0－1　发光二极管应用

## 任务 1　点亮 LED 指示灯

### 学习目标

1. 认知单片机 I/O 口的电路结构及应用。
2. 理解单片机机器周期及时序的概念。
3. 熟记汇编语言的基本构成和基本指令。
4. 能设计单片机点亮 LED 指示灯电路。
5. 会编写发光二极管点亮显示程序，会进行仿真测试。
6. 能与他人分析讨论，发现并解决程序编写和调试问题。

## 任务引入

实际生产中，机床通过 LED 指示灯显示其运行状态，如果 LED 指示灯亮就代表机床正在运行；反之，LED 指示灯灭则代表机床停止运行。在电路设计中经常会通过单片机 I/O 管脚控制外围设备，单片机对 LED 指示灯的输出控制是单片机入门的基本控制项目。本任务主要利用单片机控制机床 LED 指示灯点亮，如图 3－1－1 所示。

图 3－1－1　机床 LED 指示灯

本任务可用单片机 P0 端口的 1 个引脚外接一只 LED 灯实现设备运行指示灯电路设计，编程控制单片机引脚输出高、低电平实现指示灯亮、灭。为完成此任务，需要学习单片机 I/O 口结构、汇编程序设计、数据传送指令等相关基础知识。

## 相关知识

### 一、认识单片机控制 LED 灯电路

LED 灯可广泛应用于舞台和广告的灯光装饰。LED 灯又称为发光二极管，如图 3－1－2 所示为发光二极管实物和电路符号，发光二极管有正极和负极，当发光二极管正极电压大于负极电压时导通发光，反之则截止熄灭。通常发光二极管中的电流为 5 mA 左右即可发光，电流越大，其亮度越强，但若电流过大，会烧毁发光二极管，一般我们将其电流控制在 3～20 mA。因此，通常给发光二极管串联一个 220 Ω 的电阻就可限制发光二极管的电流，这个电阻也称为限流电阻。

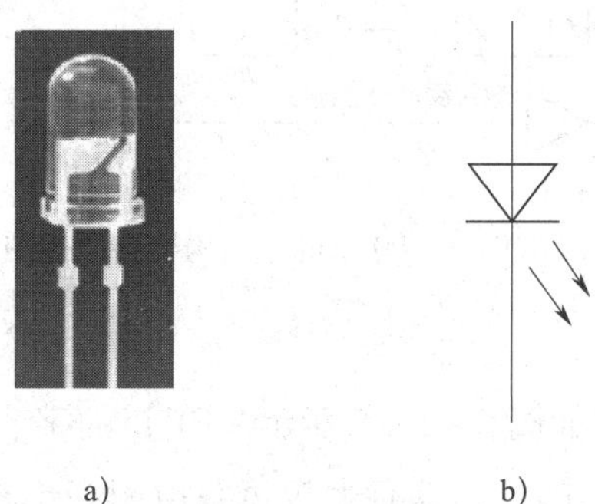

a)　　　　b)

图 3－1－2　发光二极管实物和电路符号

a）实物　b）电路符号

如图 3－1－3 所示为典型单片机控制 LED 灯电路，发光二极管正极接到 +5V 电压，发光二极管负极接单片机芯片的 P2.4 引脚。此时，单片机 P2 口的 P2.4 引脚输出低电平可以实现发光二极管点亮；同理，如果要让发光二极管熄灭，则让 P2 口的 P2.4 引脚输出高电平即可。

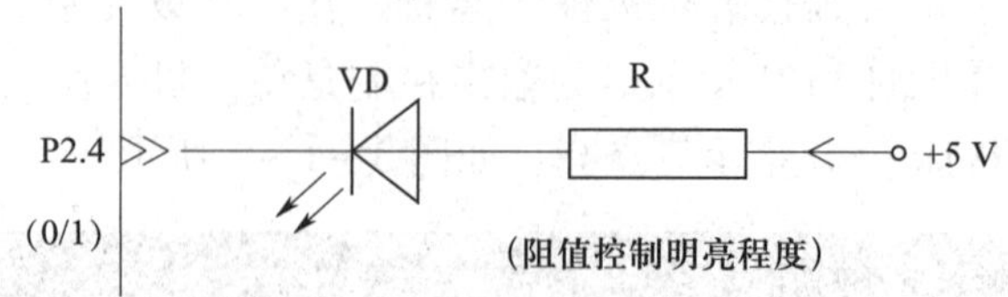

图 3－1－3　典型单片机控制 LED 灯电路

## 二、单片机 I/O 口的电路结构及应用

输入/输出（Input & Output）端口称为 I/O 口。MCS－51 系列单片机有 4 个 8 位的并行 I/O 口，即 P0～P3。它们都是双向通道，每一条 I/O 线都能独立地用作输入或输出线。作为输入时数据可以缓冲，作为输出时数据可以锁存。

### 1. P0 口电路结构及应用

P0 口的位结构电路原理图如图 3－1－4 所示。P0 口的字节地址为 80H。P0 口是一个 8 位双向 I/O 口，既可作为地址/数据总线口用，也可作为普通 I/O 口用。所以在 P0 口的电路中有一个多路转换开关 MUX。在内部控制信号的作用下，多路转换开关 MUX 可以分别接通锁存器输出和地址/数据总线。

P0 口作为双向 I/O 口时，由于 P0 口没有上拉电阻，通常要在外部加一个上拉电阻来提高驱动能力。

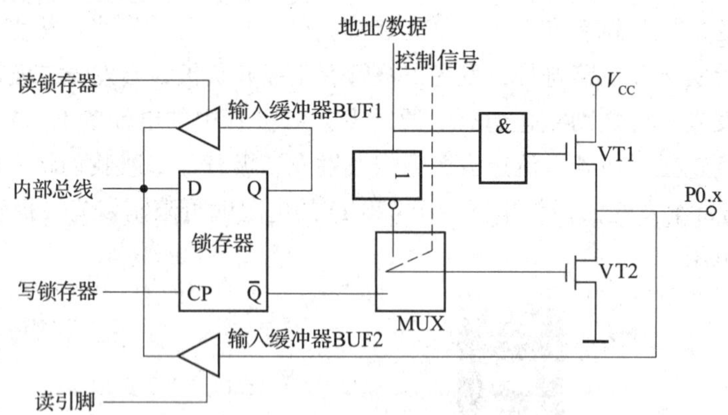

图 3－1－4　P0 口的位结构电路原理图

### 2. P1 口电路结构及应用

P1 口的位结构电路原理图如图 3－1－5 所示。P1 口的字节地址为 90H。P1 口为准双向口，其输出驱动部分与 P0 口不同，内部有上拉负载电阻与电源相连（没有高阻态），所以不需外加电阻就能直接驱动 MOS 电路。P1 口的每一位都可以分别定义为输入或输出使用，在端口由输出口转为输入口时，必须先向对应的锁存器写入“1”，所以称为准双向口。

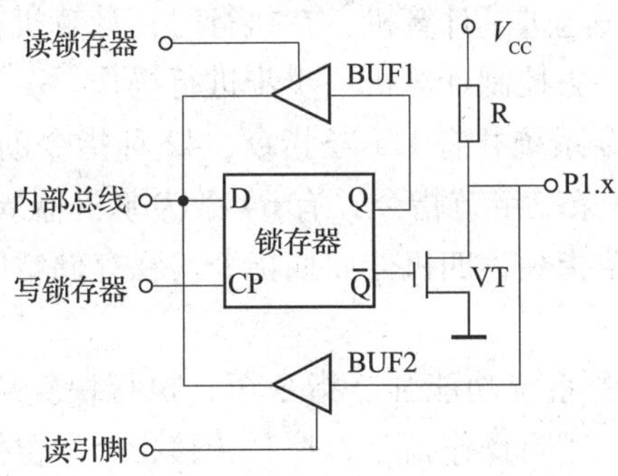

图 3-1-5 P1 口的位结构电路原理图

**3. P2 口电路结构及应用**

P2 口的位结构电路原理图如图 3-1-6 所示。P2 口的字节地址为 A0H。P2 口也是一个准双向口，它有两种使用功能：作为普通 I/O 端口或作为系统扩展时的高 8 位地址总线。因为 P2 口用于为系统提供高位地址，因此同 P0 口一样，在电路中有一个 MUX。但 MUX 的 1 个输入端不再是地址/数据，而是单一的地址，这是因为 P2 口只作为地址总线使用。

注意：一旦单片机进行了外部系统扩展，由于对片外地址的操作是连续不断的，此时 P0 口和 P2 口就不能再用作 I/O 端口。

**4. P3 口电路结构及应用**

P3 口的字节地址为 B0H，它也是一个双功能口，第一功能与 P1 口一样可用做通用 I/O 口，此时和 P1 口相同，也是一个准双向 I/O 口。另外，由于 MCS-51 系列单片机的引脚数目有限，因此在 P3 口电路中增加了引脚的第二功能，P3 口的位结构电路原理图如图 3-1-7 所示。

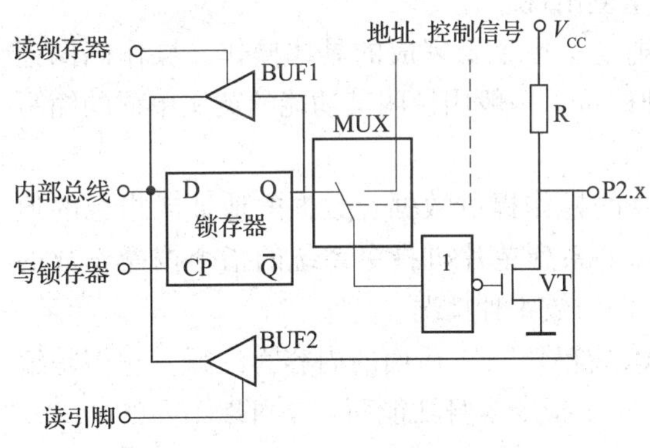

图 3-1-6 P2 口的位结构电路原理图

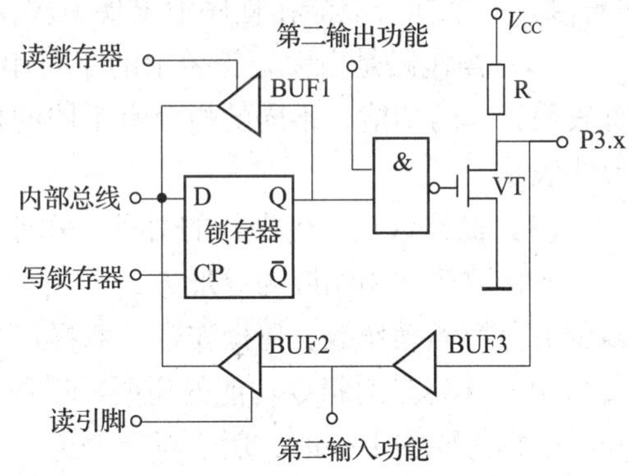

图 3-1-7 P3 口的位结构电路原理图

## 三、汇编语言程序设计入门

**1. 汇编语言指令概况**

指令是使计算机完成基本操作的命令，通常一条指令对应一种基本操作，例如加、减、传送、移位等。一种计算机能够执行的全部指令的集合，称为这种计算机的指令系统。计算机之所以能脱离人为干预，自动地进行操作，是由于人们把解决问题的步骤、方法等一步步操作用指令编成了程序，事先送进了计算机，在执行时，计算机再把指令一条条取出，并加以译码变成相应的控制信号，去控制计算机一步步进行操作。

MCS－51 系列单片机指令系统共有 111 条指令，42 种指令助记符，其中有 49 条单字节指令、45 条双字节指令和 17 条三字节指令；有 64 条为单机器周期指令，45 条为双机器周期指令，只有乘法、除法两条指令为四机器周期指令。在存储空间和运算速度上，效率都比较高。

MCS－51 系列单片机指令系统功能强、指令短、执行快。从功能上可分成五大类：数据传送指令、算术运算指令、逻辑操作指令、控制转移指令和位操作指令。

**2. 汇编语言指令格式**

单片机通过接收或读取外部的数据信息，经过内部 CPU 处理，来控制或反馈给外部设备，实现各种功能，而这些操作的完成是通过单片机执行指令来实现的。指令系统是单片机的软件资源，MCS－51 系列单片机汇编语言程序由若干条指令行组成，每条汇编语言语句最多包括四个域：标号、操作码、操作数和注释，其一般形式为：

| 标号：指令助记符　　　　目的操作数1，源操作数2，源操作数3；注释 |
|---|

操作码　　　　操作数

（1）标号是该指令的符号地址，后面须带冒号，主要为转移指令提供转移的目的地址。对标号有如下规定：

1）一般由 1～8 个 ASCII 字符组成，以字母开头，其余字符可以是字母、数字和其他特定字符。

2）不能使用助记符、伪指令或者寄存器的符号名称做标号。

3）与操作码之间用冒号分开，带方括号表示为可选项。

4）一个标号只能在程序中出现一次，不能重复出现。

（2）操作码是由助记符表示的字符串，它规定了指令要完成的具体操作。操作码助记符表明指令的功能，不同的指令有不同的指令助记符，一般用说明其功能的英文单词的缩写形式表示。

（3）操作数是指令操作的对象，用于给指令的操作提供数据、数据的地址或指令的地址，操作数往往用相应的寻址方式指明。MCS－51 系列单片机指令系统的指令按操作数的多少可分为无操作数、单操作数、双操作数和三操作数 4 种情况。

（4）注释是对指令功能的说明，以便于阅读，符号“；”后面的内容为注释。它们是编程者根据需要加上去的，用于对指令进行说明，对于指令本身功能而言是可以不要的。

**3. 伪指令**

伪指令是对汇编过程进行某种控制的特殊指令，其格式与通常的操作指令一样，并可加在汇编程序的任何地方，但它们并不是真正的指令，也不产生相应的机器码，它们只是在计算机将汇编语言转换为机器码时，指导汇编过程，告诉汇编程序如何汇编。

**四、识读程序**

**1. 源程序**

```
ORG 0000H          ;程序起始地址
```

```
SETB P0.1        ;指令
END              ;程序结束
```

**2. 汇编语言程序基本组成**

汇编语言程序一般由程序起始地址、指令段和程序结束三部分组成，如图 3 - 1 - 8 所示。

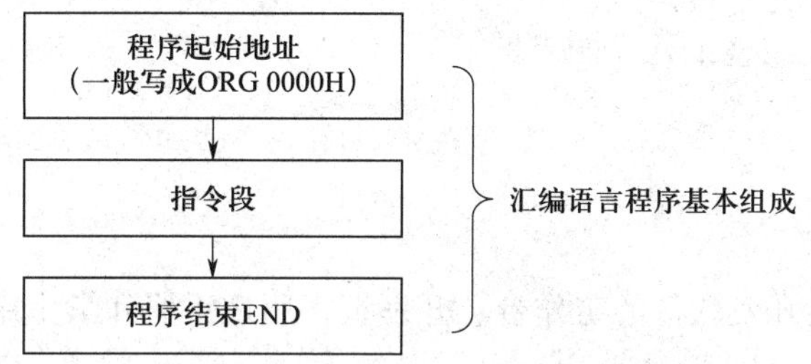


图 3 - 1 - 8　汇编语言程序基本组成

**3. 相关指令**

（1）ORG 汇编起始地址指令

| 格式为：ORG 16 位地址或标号 |
|---|

功能：指定此指令后面的程序或数据块存放的起始地址。

一般在一个汇编语言源程序的开始，都用一条 ORG 伪指令来规定程序存放的起始位置，故称为汇编起始地址指令。但是在一个源程序中，可以多次使用 ORG 指令，以规定不同程序段的起始位置，不同的程序段之间不能有重叠。一个源程序若不用 ORG 指令开始，则从 0000H 开始存放目标码。

**【例】**

```
ORG 0110H
SETB P1.0
END
```

其中，ORG 指定了 SETB P1.0 指令存放的单元是由 0110H 开始的地址。

（2）SETB 置位指令

| 格式为：SETB bit |
|---|

功能：该指令是位操作指令，是对 bit 位“置 1”。示例中 SETB P1.0 是 P1.0 位“置 1”，实质是对该口 P1.0 加高电平，简称为“置 1”。

汇编语言中和置位指令相对应的指令是位清零指令 CLR。

| 格式为：CLR bit |
|---|

功能：该指令是对 bit 位“清零”，简称为“清 0”或“置 0”。此外 SETB/CLR 指令还可以对进位标志 CY 进行位“置 1”和“置 0”操作。

（3）END 汇编结束指令

功能：常用于汇编语言源程序末尾，用来指示源程序到此全部结束。

格式为：［标号：］END

上述格式中，标号段通常省略。在机器汇编时，当汇编程序检测到该语句时，它就确认汇编语言源程序已经结束，对 END 后面的指令不予汇编。因此，一个源程序只能有一个 END 语句，而且必须放在整个程序的末尾。

## 任务实施

### 一、任务准备

准备安装有单片机开发软件的工作台、开发板，用户手册和学生用书。

### 二、点亮 LED 指示灯硬件电路设计

本任务要实现单片机控制一只发光二极管（LED）点亮的功能，硬件电路如图 3－1－9 所示，即在最小硬件系统基础上，用 P0.1 引脚输出控制一只发光二极管。

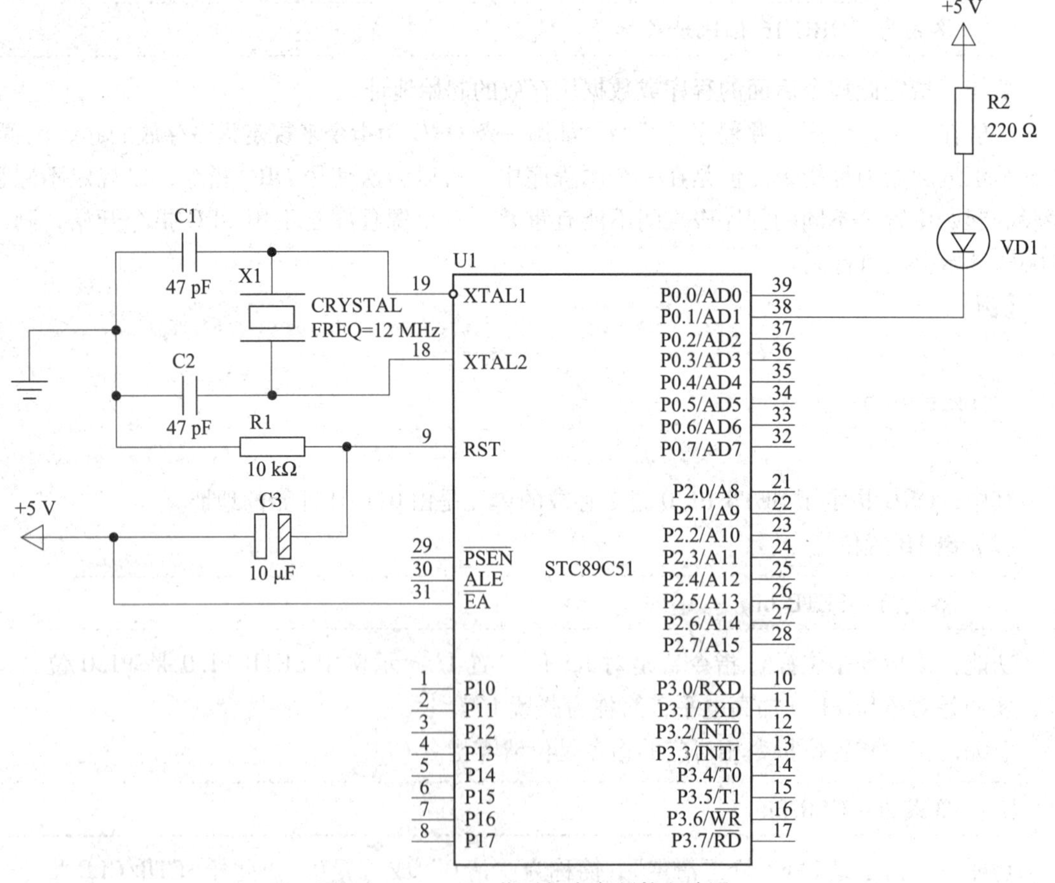


图 3－1－9　LED 指示灯点亮硬件电路图

本教材任务实施中提供的硬件电路图均是在 Proteus7.10 软件中绘制的，单片机选择 AT89C51 作为仿真模型（因为在 Proteus 软件中没有 STC89C51RC 系列单片机）。STC89C51RC 与 AT89C51 单片机的引脚功能完全兼容，AT89C51 的 hex 程序无须任何转换即可直接在 STC89C51RC 上运行，结果相同。与 AT89C51 相比，STC89C51RC 单片机增加了一些新的功能，如支持在线编程等。

## 三、点亮 LED 指示灯程序设计

### 1. 程序设计思路

由任务分析可知，发光二极管点亮就是通过让单片机引脚输出低电平来实现的。LED 指示灯点亮程序流程图如图 3－1－10 所示。

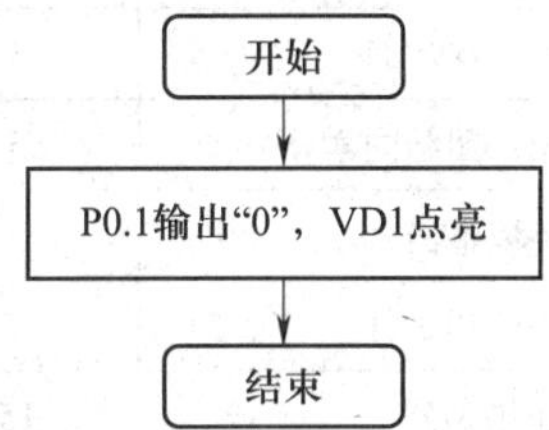


图 3－1－10 LED 指示灯点亮程序流程图

### 2. 点亮 LED 指示灯参考源程序

```
ORG 0000H      ;指定 CLR P0.1 指令存放的单元
               ;是由 0000H 开始的地址
CLR P0.1       ;P0.1 引脚为低电平,点亮 LED
END            ;标识整个程序结束
```

## 四、程序编译与仿真

程序编写完成后，用 Keil 编译软件进行编译，生成 hex 文件。在 Proteus 仿真软件中按图 3－1－9 所示电路图绘制硬件电路，并将 hex 文件载入单片机中进行仿真运行，观察单片机运行结果，检验程序和电路设计是否达到设计的要求。图 3－1－11 所示为单片机控制 LED 指示灯点亮仿真效果图。

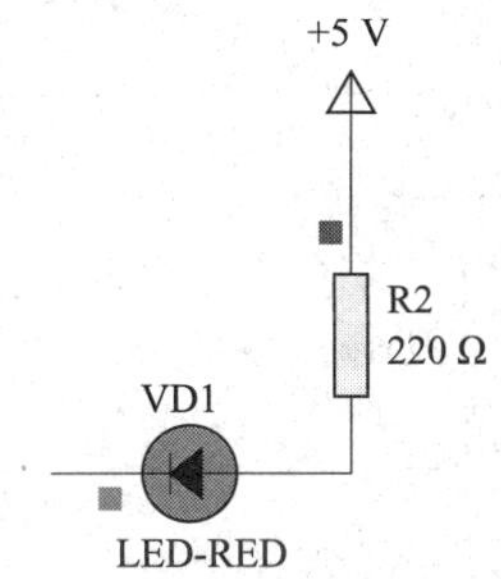


图 3－1－11 单片机控制 LED 指示灯点亮仿真效果图

### 五、开发板调试（选做）

把 hex 文件用 ISP 软件下载到开发板，观察开发板的 LED 灯是否点亮，如未点亮，检查原因，解决问题，直到灯点亮为止。

### 六、填写学生用书

按照要求完成学生用书的填写。

## 任务评价

根据任务考核评分表（见表 3－1－1）进行任务评价。

**表 3－1－1　　任务考核评分表**

| 评价项目 | 评价标准 | 配分（分） | 自我评价 | 小组评价 | 教师评价 |
|---|---|---|---|---|---|
| 职业素养 | 安全意识、责任意识、服从意识强 | 5 | | | |
| | 积极参加教学活动，按时完成各项学习任务 | 5 | | | |
| | 团队合作意识强，善于与人交流和沟通 | 5 | | | |
| | 自觉遵守劳动纪律，尊敬师长，团结同学 | 5 | | | |
| | 爱护公物，节约材料，工作环境整洁 | 5 | | | |
| 专业能力 | 硬件电路绘制不正确，每错一处扣 3 分 | 15 | | | |
| | 指令格式应用错误，每错一处扣 3 分 | 15 | | | |
| | 程序编写不正确，每错一处扣 5 分 | 25 | | | |
| | 程序编译与仿真不符合任务要求，每项扣 5 分 | 20 | | | |
| 合计 | | 100 | | | |
| 总评分 | | 综合等级 | | 教师（签名） | |

注：学习任务评价采用自我评价、小组评价和教师评价三种方式，总评分 = 自我评价 ×20% + 小组评价 ×20% + 教师评价 ×60%，评价等级分为 A（90～100）、B（80～89）、C（70～79）、D（60～69）、E（0～59）五个等级。

# 任务 2　LED 指示灯闪烁显示

## 学习目标

1. 熟知单片机机器周期及时序。
2. 知道单片机工作时间的计算。
3. 学会汇编语言的指令格式及指令中的常用符号。
4. 会运用汇编语言的数据传送、控制转移指令。
5. 会编写汇编语言子程序及调用。
6. 能编写 LED 灯闪烁显示程序。
7. 能与他人一起合作学习总结，并分享给其他人。

## 任务引入

在生产环境中，经常需要到机房查看网络设备运行情况，通过观察设备的指示灯，来判断设备运行状态是否良好，如交换机中指示灯快闪表示数据传输过程中。本任务是编写单片机控制 LED 指示灯闪烁程序，实现 LED 指示灯以 1 Hz 频率闪烁的功能，即 LED 灯亮 0.5 秒，灭 0.5 秒然后循环往复，如图 3－2－1 所示。

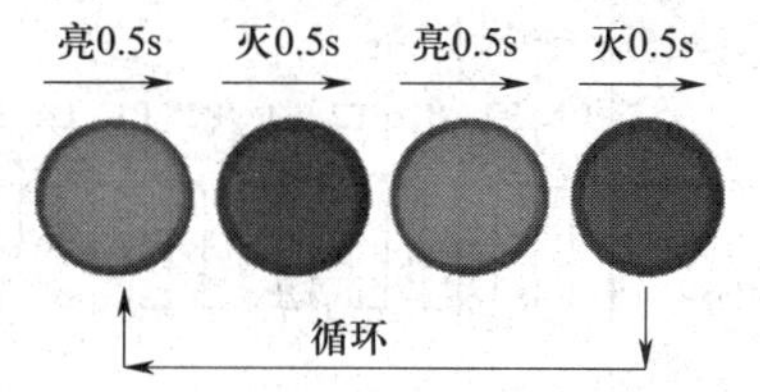


图 3－2－1　设备运行时的 LED 指示灯

本任务可用单片机 P0 端口的 1 个引脚外接一只 LED 灯实现设备指示灯电路设计，编程控制单片机引脚输出高、低电平实现指示灯亮、灭，而让 LED 灯闪烁起来，其实也就是亮和灭在一段连续时间上交替出现。所以，实现方法就是使 P0 口的 1 个引脚在每隔 0.5 秒时间轮流出现高、低电平。因为单片机的程序执行速度很快，如果是在很短的时间内改变 P0.1 引脚的状态，人眼是看不出来的，所以中间必须有一个合适的延迟时间。单片机系统的外接晶振频率可选用 12 MHz，单片机以此作为时间基准信号，在单片机的 P0 端口输出高、低电平变化，时间间隔为 0.5 秒。为完成此任务，需要学习单片机机器周期、汇编程序设计、数据传送指令、控制转移指令，以及延时子程序的编写等汇编语言基础知识。

## 相关知识

### 一、单片机内部的时间单位及时序

#### 1. 单片机内部的时间单位

单片机各部分之所以能协调一致地工作，是因为它是在时钟脉冲的控制下，一个节拍一个节拍地去完成相应的工作，完成规定的操作所需要的时间称为周期，MCS－51 系列单片机各种周期的相互关系如图 3－2－2 所示。这里涉及振荡周期、时钟周期、机器周期和指令周期 4 个概念。

（1）振荡周期

振荡周期是指为单片机提供定时信号的振荡源的周期。若为内部产生方式，则为石英晶体的振荡周期。常用单片机外接石英晶体有 6 MHz、11.0592 MHz、12 MHz 和 24 MHz 等规格。

（2）时钟周期

时钟周期也称为状态周期，用 S 表示。时钟周期是计算机中最基本的时间单位，在一个时钟周期内，CPU 完成一个最基本的动作。MCS－51 系列单片机中一个时钟周期为振荡周期的 2 倍。

（3）机器周期

单片机每访问一次存储器的时间称为一个机器周期，它是一个时间基准，就像日常生活中使用的秒一样。MCS－51 系列单片机中一个机器周期含有 6 个时钟周期，包含 12 个振荡周期。

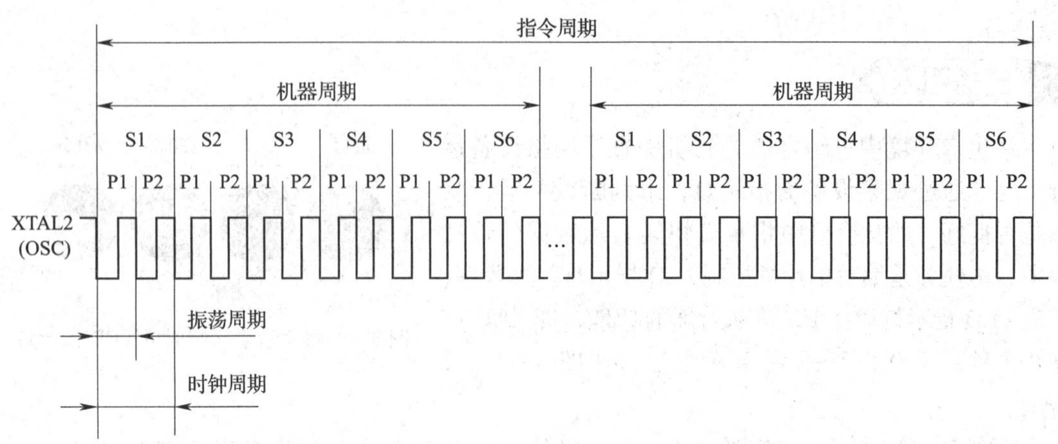


图 3-2-2　MCS-51 系列单片机各种周期的相互关系

（4）指令周期

单片机完成一条指令所需要的时间称为指令周期。MCS-51 系列单片机的指令周期含单周期指令、双周期指令和四周期指令。

（5）单片机振荡周期、状态周期和机器周期的计算

如果单片机振荡频率 $f_{osc}$ 为 12 MHz，根据单片机振荡周期、状态周期和机器周期的关系可得：

$$振荡周期\ T_o = \frac{1}{f_{osc}} = \frac{1}{12}\ \mu s$$

$$状态周期\ T_s = 2T_o = \frac{1}{6}\ \mu s$$

$$机器周期\ T_M = 12T_o = 1\ \mu s$$

**2. 单片机内部指令执行的时序**

单片机执行各种操作时，CPU 都是严格按照规定的时间顺序完成相关的工作，这种时间上的先后顺序称为时序。如图 3-2-3 所示为单字节和双字节指令的执行时序。

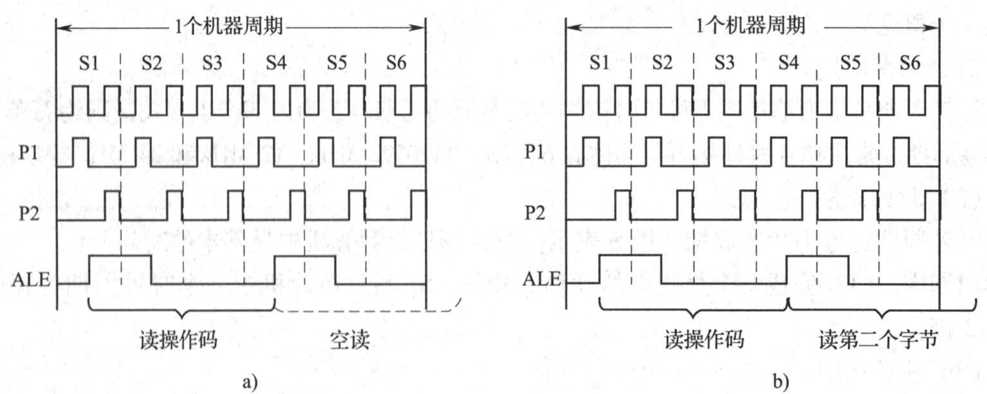


图 3-2-3　单片机指令操作时序图

a）单字节指令执行时序　b）双字节指令执行时序

## 二、寻址方式

在指令系统中，操作数是一个重要的组成部分，用于指出运算或操作中的数据或数据存放的地址。寻址方式就是指 CPU 寻找操作数或操作数地址的方式。在 MCS－51 系列单片机指令系统中，有 7 种寻址方式，分别为立即寻址、直接寻址、寄存器寻址、寄存器间接寻址、变址寻址、位寻址和相对寻址。

### 1. 立即寻址

指令中操作数部分直接给出的是参加运算的操作数（指令的操作对象），不用到别处去寻找，这种数据称为立即数。在汇编指令中，以"#"号作为一个数的前缀，就表示该数为立即数。

### 2. 直接寻址

在直接寻址方式中，指令操作数部分给出的是参加运算的操作数的地址。直接寻址方式中操作数所在存储器的空间有 3 种：

（1）内部数据存储器的 128 个字节单元（内部数据存储器地址 00H～7FH）。

（2）位地址空间。

（3）特殊功能寄存器，特殊功能寄存器只能用直接寻址方式进行访问。

### 3. 寄存器寻址

寄存器寻址是指操作数在寄存器中，使用时在指令中直接提供寄存器的名称。在 MCS－51系列单片机系统中，这种寻址方式针对的寄存器只能是 R0～R7 这 8 个通用寄存器和部分特殊功能寄存器（如累加器 A、寄存器 B、数据指针 DPTR 等）中的数据，对于其他的特殊功能寄存器中的内容的寻址方式不属于它。

### 4. 寄存器间接寻址

寄存器间接寻址是指指令操作数部分所指定的寄存器中存放的不是操作数本身，而是操作数所在的地址。

### 5. 变址寻址

变址寻址是指操作数的地址由基址寄存器的地址加上变址寄存器的地址得到，本寻址方式是专门针对程序存储器的寻址方式，寻址范围可达到 64 KB。在 MCS－51 系列单片机系统中，它是以数据指针寄存器 DPTR 或程序计数器 PC 为基址，累加器 A 为变址，两者相加得存储单元的地址，所访问的存储器为程序存储器。

### 6. 位寻址

位寻址是指操作数是二进制位的寻址方式，位寻址只能对有位地址的单元做位寻址操作。MCS－51 系列单片机中，内部 RAM 中的位寻址区为 20H～2FH，其单元对应的位地址为 00H～7FH，此外，有一些专用寄存器也可进行位寻址。

### 7. 相对寻址

相对寻址是为程序的相对转移而设计的，它是以当前程序计数器 PC 值加上指令中给出的偏移量 rel 得到目的位置的地址。在 MCS－51 系列单片机系统中，相对转移指令的操作数属于相对寻址。

## 三、相关指令

### 1. 数据传送指令

数据传送指令有28条，是指令系统中数量最多、使用也最频繁的一类指令。这类指令可分为三组：普通传送指令、数据交换指令、堆栈操作指令，下面介绍常用的片内数据存储器传送指令MOV。

指令格式：MOV　目的操作数，源操作数

源操作数可以为A、Rn、@ Ri、direct、#data，目的操作数可以为A、Rn、@ Ri、direct，组合起来总共16条。指令格式中的A为累加器符号，Rn（n=0~7）为工作寄存器符号，#data为立即数符号，direct为直接地址单元（RAM，SFR，I/O）。其他符号请查阅附录中的说明：MCS-51系列单片机指令系统常用符号及含义。

（1）以A为目的操作数

```
MOV  A,Rn        ;A← (Rn)
MOV  A,direct    ;A←(direct)
MOV  A,@ Ri      ;A←((Ri))
MOV  A,#data     ;A← #data
```

（2）以Rn为目的操作数

```
MOV  Rn,A        ;Rn ←(A)
MOV  Rn,direct   ;Rn ←(direct)
MOV  Rn,#data    ;Rn ← #data
```

（3）以直接地址direct为目的操作数

```
MOV  direct,A         ;direct←(A)
MOV  direct,Rn        ;direct←(Rn)
MOV  direct,direct    ;direct←(direct)
MOV  direct,@ Ri      ;direct←((Ri))
MOV  direct,#data     ;direct← #data
```

**【例】**

```
MOV A,P1   ;将 P1 数据送至累加器 A 中
MOV R1,#50   ;将立即数 50 送至工作寄存器 R1
MOV P0,R0   ;将工作寄存器 R0 的值送至 P0 端口
MOV P2,@ R1   ;将间接地址@ R1 的值送至 P2 端口
MOV P3,#0FEH   ;将十六进制立即数 0FEH 送至 P3 端口
```

### 2. 控制转移指令

控制转移指令共有17条，包括无条件转移指令、条件转移指令、子程序调用及返回指令。

（1）无条件转移指令

无条件转移指令是指当执行该指令后，程序将无条件地转移到指令指定的地方去。常用的无条件转移指令包括长转移指令、绝对转移指令、相对转移指令等。

1）长转移指令 LJMP

指令格式：LJMP addr16 ;PC←addr16

LJMP 指令后面带的是目的位置的 16 位地址，执行时直接将该 16 位地址送给程序计数器 PC，程序无条件地转到 16 位目标地址指明的位置去。指令中提供的是 16 位目标地址，所以可以转移到 64KB 程序存储器的任意位置，故称为长转移指令。使用 LJMP 指令时，16 位的绝对地址可以用符号地址取代。

2）绝对转移指令 AJMP

指令格式：AJMP addr11 ;PC←PC +2，$PC_{10\sim0}$←addr11

AJMP 指令后面带的是目的位置的低 11 位直接地址，执行时，先将程序计数器 PC 的值加 2（该指令长度为 2 字节），然后把指令中的 11 位地址 addr11 送给程序计数器 PC 的低 11 位，而程序指针的高 5 位不变，执行后转移到 PC 指针指向的新位置。

由于 11 位地址 addr11 的范围是 00000000000 ~ 11111111111，即 2 KB 范围，而目的地址的高 5 位不变，所以程序转移的位置只能是和当前 PC 位置（AJMP 指令地址加 2）在同一 2 KB 范围内。转移可以向前也可以向后，指令执行后不影响状态标志位。使用 AJMP 指令时，11 位的绝对地址可以用符号地址取代。

3）相对转移指令 SJMP

指令格式：SJMP rel ;PC←PC +2 + rel

rel 为偏移量（ -128 ~ +127），该指令的转移范围是相对 PC 当前值向前 128 字节，向后 127。实际编程时，使用符号地址取代 rel 以简化计算。

用汇编语言编程时，指令中的相对地址 rel 往往用目的位置的标号（符号地址）表示。机器汇编时，能自动算出相对地址值。

4）变址寻址转移指令 JMP

指令格式：JMP @A + DPTR ;PC←(A) + (DPTR)

JMP 指令只能在 256 个存储器单元内转移。在指令执行之前，用户应预先把目标转移地址的基地址送入 DPTR，目标转移地址对基地址的偏移量放在累加器 A 中。在指令执行时，MCS -51 系列单片机把 DPTR 中基地址和累加器 A 中地址偏移量相加，以形成目标转移地址送入程序计数器 PC 中。JMP 一般配合 DPTR 使用，存储空间 1 个字节，执行周期 24 个时钟周期。一般用于多分枝选择的时候使用，比如按键处理。

在单片机程序设计中，会经常用到一条 SJMP 指令：

SJMP $

该指令的功能是在自己本身上循环，进入等待状态。其中，符号 $ 表示转移到本身。在程序设计中，程序的最后一条指令通常用它使程序不再向后执行，以避免执行后面的内容而出错。

（2）条件转移指令

条件转移指令是指当条件满足时，程序转移到指定位置；条件不满足时，程序将继续顺序执行。在 MCS－51 系列单片机系统中，条件转移指令有 3 种：累加器 A 判零条件转移指令、比较转移指令、减 1 不为零转移指令。

1）累加器 A 判零条件转移指令

```
判 0 指令：JZ rel    ；如果 A=0，跳转到目标语句，否则顺序执行
判非 0 指令：JNZ rel  ；如果 A≠0，跳转到目标语句，否则顺序执行
```

2）比较转移指令

比较转移指令用于对两个数作比较，并根据比较结果进行转移，比较转移指令有四条：

```
CJNE A，#data，rel    ；如果（A）≠data，则跳转到目标语句，否则程序顺序执行
CJNE Rn，#data，rel   ；如果（Rn）≠data，则跳转到目标语句，否则程序顺序执行
CJNE @Ri，#data，rel  ；如果（(Ri)）≠data，则跳转到目标语句，否则程序顺序执行
CJNE A，direct，rel   ；如果（A）≠(direct)，则跳转到目标语句，否则程序顺序执行
```

3）减 1 不为零转移指令

这种指令是先减 1 后判断，若不为零则转移。指令有两条：

```
DJNZ Rn，rel        ；Rn 中的内容先减 1，再判断 Rn 中的内容是否等于零，
                    ；若不为零则跳转到目标语句，若为零则顺序执行下一条指令
DJNZ direct，rel    ；(direct) 中的内容先减 1，再判断 (direct) 中的内容
                    ；是否等于零，若不为零则跳转到目标语句，若为零则顺序执
                     行下一条指令
```

在 MCS－51 系列单片机系统中，通常用 DJNZ 指令来构造循环结构，实现重复处理。

（3）子程序调用与返回指令

子程序调用与返回指令共有 4 条，两条子程序调用指令，两条返回指令。

1）长调用指令 LCALL

```
指令格式：LCALL addr16
```

2）绝对调用指令 ACALL

```
指令格式：ACALL addr11
```

在汇编语言程序中，LCALL 和 ACALL 两条子程序调用指令后面通常带转移位置的标号，用 LCALL 指令调用，转移位置可以是程序存储空间的任一位置；用 ACALL 指令调用，转移位置与 ACALL 指令的下一条指令必须在同一个 2 KB 内，即它们的高 5 位地址相同。

3）子程序返回指令 RET

```
指令格式：RET
```

该指令通常放于子程序的最后一条指令位置，用于实现返回到主程序。

4）中断返回指令 RETI

指令格式：RETI

该指令的执行过程与 RET 基本相同，只是 RETI 在执行后，在转移之前将先清除中断的优先级触发器。该指令用于中断服务子程序后面，作为中断服务子程序的最后一条指令，它的功能是返回主程序中断的断点位置，继续执行断点位置后面的指令。

**3. 空操作指令**

指令格式：NOP

该指令单片机不执行任何操作，是空指令，也称为单周指令，起到延时 1 个机器周期作用。

**四、单片机的进制转换关系**

二进制数据是用 0 和 1 两个数码来表示的数。它的基数为 2，进位规则是“逢二进一”，借位规则是“借一当二”，如：8 位二进制数：“00110101”；汇编语言表示为 00110101B。

十六进制：逢 16 进 1，用 0，1，2，3，4，5，6，7，8，9，A，B，C，D，E，F 表示，对应十进制数是：0，1，2，3，4，5，6，7，8，9，10，11，12，13，14，15。汇编语言是以字母“H”结尾的 0-9 和 A-F（或 a-f）数字字母序列组成的数，如 3AD8H、0FFH。为了区别有 A-F（或 a-f）组成的序列是一个十六进制数还是一个符号，凡以字母 A-F（或 a-f）开始的十六进制数，必须在前面冠以数字 0，否则汇编程序认作符号，如 0FFH。表 3－2－1 列举了不同进制之间的对应关系。

**表 3－2－1　不同进制之间的对应关系**

| 二进制 | 十进制 | 十六进制 |
| --- | --- | --- |
| 0000 | 0 | 0 |
| 0001 | 1 | 1 |
| 0010 | 2 | 2 |
| 0011 | 3 | 3 |
| 0100 | 4 | 4 |
| 0101 | 5 | 5 |
| 0110 | 6 | 6 |
| 0111 | 7 | 7 |
| 1000 | 8 | 8 |
| 1001 | 9 | 9 |
| 1010 | 10 | a |
| 1011 | 11 | b |
| 1100 | 12 | c |

续表

| 二进制 | 十进制 | 十六进制 |
| --- | --- | --- |
| 1101 | 13 | d |
| 1110 | 14 | e |
| 1111 | 15 | f |
| 10000 | 16 | 10 |
| 10001 | 17 | 11 |
| 10010 | 18 | 12 |
| 10011 | 19 | 13 |
| 10100 | 20 | 14 |

## 五、程序设计基本结构

程序设计应根据程序的功能要求，选用不同的程序结构，然后作出流程图，最后再根据流程图来编写程序。汇编语言程序共有 3 种结构形式，即顺序结构、分支结构和循环结构，如图 3－2－4 所示。

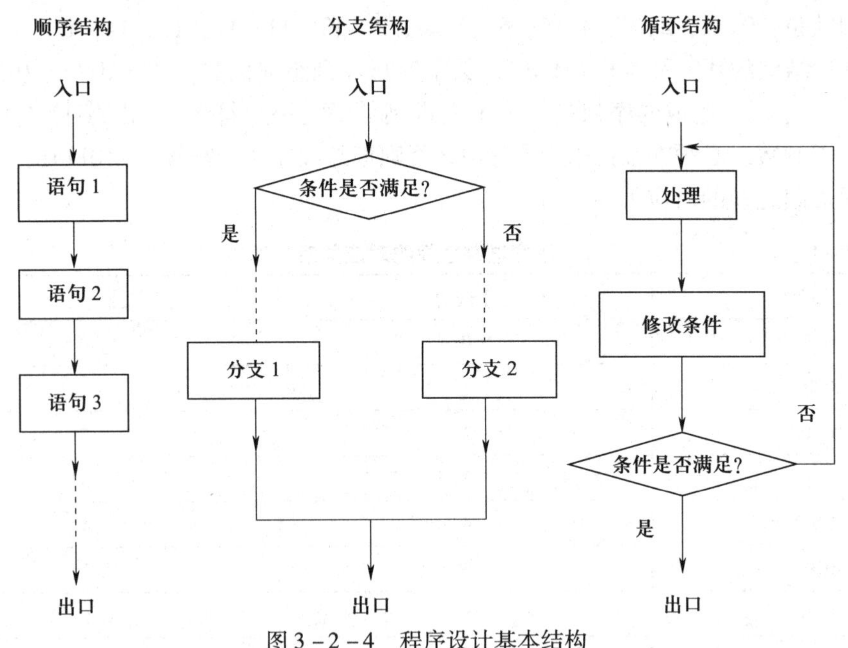


图 3－2－4　程序设计基本结构

### 1. 顺序结构

顺序结构程序是一种最简单、最基本的程序，它是一种无分支的直线型程序结构，即按照程序编写的顺序依次执行每一条指令。

### 2. 分支结构

分支结构程序不是按顺序直线执行，它是依据实际问题做出判断，再根据判断条件的满足与否，产生一个或多个程序分支，以实现不同的程序流向。

### 3. 循环结构

循环结构程序是依据需要对某一段程序重复执行多次，以缩短程序的长度，节省程序的存储空间。

## 六、延时程序设计

在单片机程序设计中，由于单片机指令的执行时间是微秒级的，若让 LED 灯和数码管显示的状态能让人眼识别出来，就必须要延时。在单片机控制系统中，延时程序是常用的程序之一，延时的控制方法有两种：软件延时和定时器延时。本任务主要介绍软件延时的方法。

软件延时的原理是利用 CPU 执行一段程序，只消耗 CPU 一定的时间，不做其他具体的功能控制。其主要设计思想是利用多次循环来延长程序的执行时间，从而实现延时功能。延时的时间 = 程序指令执行的总机器周期数 × CPU 机器周期的时间。

若假设石英晶体为 12 MHz，则 1 个机器周期为 1 μs。

【例】

```
                        程序指令                机器周期
                        MOV   R5，#50              1
┌──── D1:               MOV   R6，#20              1
│ ┌── D2:               MOV   R7，#248             1
D1 D2                   NOP                        1
循 循  ┌────────────────────────────┐
环 环  │自循环   DJNZ  R7，$        │              2
│ │    └────────────────────────────┘
│ └──                   DJNZ  R6，D2               2
└────                   DJNZ  R5，D1               2
                        RET                        2
```

程序第 1 条 ~ 第 4 条顺序执行，第 5 条转移指令，把 R7 寄存器的内容减 1，判断是否为 0。若不为 0 则满足条件，转移到自身语句执行自循环，此处循环次数为 248 次；若为 0 则不满足条件，不转移，此时自循环结束，自循环结束后，往下执行第 6 条转移指令，把 R6 寄存器的内容减 1，判断是否为 0。若不为 0 则满足条件，转移到 D2 语句执行 D2 循环，此处循环次数为 20 次；若为 0 则不满足条件，不转移，此时 D2 循环结束；D2 循环结束后，往下执行第 7 条转移指令，把 R5 寄存器的内容减 1，判断是否为 0。若不为 0 则满足条件，转移到 D1 语句执行 D1 循环，此处循环次数为 50 次。

自循环执行一次占用 2 个机器周期，所用时间为 2 μs，共执行 248 次，消耗 CPU 时间为 496 μs（2 × 248）。

D2 循环执行一次占用 500 个（1 × 496 + 1 + 1 + 2）机器周期，所用时间为 500 μs，执行 20 次循环，消耗 10 000 μs（500 × 20）。

D1 循环执行一次占用 10 003 个（10 000 + 1 + 2）机器周期，所用时间为 10 003 μs，执行 50 次 D2 循环，消耗 500 150 μs（10 003 × 50）。

整段程序除了 D1 循环之外，还有程序第 1 条和第 8 条指令，需 3 个机器周期，因此整段定时程序需要的时间数为 500 153 μs，约 0.5 s。

利用多重循环可实现较长时间的定时。但是要注意在采用软件延时功能时，不能允许中断，否则将影响定时精度。

## 任务实施

### 一、任务准备

准备安装有单片机开发软件的工作台、开发板，用户手册和学生用书。

### 二、LED 指示灯闪烁显示硬件电路设计

根据任务描述，本任务电路和任务 1 相同，硬件电路参考图 3－1－9 所示。

### 三、LED 指示灯闪烁显示程序流程图设计

#### 1. 程序设计思路

由任务分析可知，发光二极管的闪烁就是通过让单片机引脚输出高低电平交替变化来实现的，时间间隔为 0.5 s。LED 指示灯闪烁程序流程图如图 3－2－5 所示。

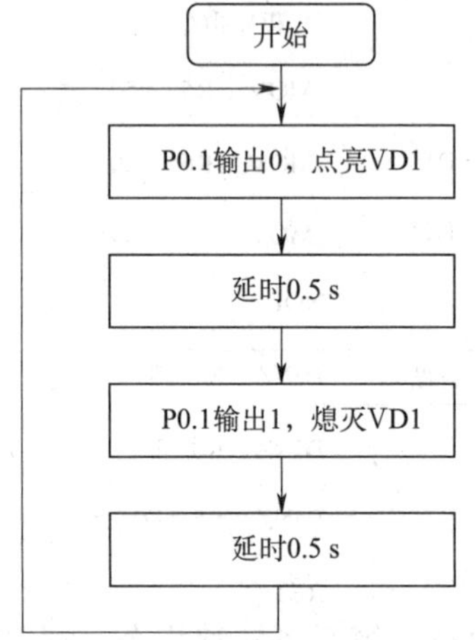


图 3－2－5　LED 指示灯闪烁程序流程图

#### 2. LED 指示灯闪烁参考源程序

方法一：通过 SETB、CLR 位操作指令实现 LED 指示灯闪烁

```
        ORG 0000H              ;指定 JMP START 指令存放的单元
                               ;是由 0000H 开始的地址
        JMP START              ;无条件跳转至 START 标号处
        ORG 0030H              ;指定 CLR  P0.1 指令存放的单元
                               ;是由 0030H 开始的地址
START:  CLR   P0.1             ;P0.1 引脚为低电平,点亮 LED
        LCALL  DELAY           ;长调用 DELAY 子函数
        SETB   P0.1            ;P0.1 引脚为高电平,熄灭 LED
        LCALL  DELAY           ;长调用 DELAY 子函数
        JMP   START            ;跳转至 START 标号处
DELAY:  MOV   R5,#50           ;延时子程序,延时 0.5 秒
```

```
D1:       MOV  R6,#20
D2:       MOV  R7,#248
          NOP
          DJNZ  R7,$
          DJNZ  R6,D2
          DJNZ  R5,D1
          RET
          END
```

方法二：通过 MOV 指令实现 LED 指示灯闪烁

```
        ORG 0000H               ;指定 JMP START 指令存放的单元
                                ;是由 0000H 开始的地址
        JMP START               ;无条件跳转至 START 标号处
        ORG 0030H               ;指定 MOV P0,#0FDH 开始的指令存放的单元
                                ;是由 0030H 开始的地址
START:  MOV P0,#0FDH            ;将十六进制数 FD 即二进制数 1111 1101 赋给
                                ;P0 口,使 P0.1 引脚为低电平,点亮 LED 灯
        LCALL  DELAY            ;长调用 DELAY 子函数
        MOV P0,#0FFH            ;将十六进制数 FF 即二进制数 1111 1111 赋给
                                ;P0 口,使 P0.1 引脚为高电平,熄灭 LED 灯
        LCALL  DELAY            ;长调用 DELAY 子函数
        JMP   START             ;跳转至 START 标号处
DELAY:  MOV   R5,#50            ;延时子程序,延时 0.5 秒
D1:     MOV   R6,#20
2D2:    MOV   R7,#248
        NOP
        DJNZ  R7,$
        DJNZ  R6,D2
        DJNZ  R5,D1
        RET
        END
```

**四、程序编译与仿真**

程序编写完成后，用 Keil 编译软件进行编译生成 hex 文件。在 Proteus 仿真软件中按图 3-1-9 所示电路图绘制硬件电路，并将 hex 文件载入单片机中进行仿真运行，观察单片机运行结果，检验程序和电路设计是否达到设计的要求。

**五、开发板调试（选做）**

把 hex 文件用 ISP 软件下载到开发板，观察开发板的 LED 灯是否闪烁，如未闪烁，检查原因，解决问题，直到灯闪烁显示为止。

**六、填写学生用书**

按照要求完成学生用书的填写。

## 任务评价

根据任务考核评分表（见表3-2-2）进行任务评价。

表3-2-2　　任务考核评分表

| 评价项目 | 评价标准 | 配分（分） | 自我评价 | 小组评价 | 教师评价 |
|---|---|---|---|---|---|
| 职业素养 | 安全意识、责任意识、服从意识强 | 5 | | | |
| | 积极参加教学活动，按时完成各项学习任务 | 5 | | | |
| | 团队合作意识强，善于与人交流和沟通 | 5 | | | |
| | 自觉遵守劳动纪律，尊敬师长，团结同学 | 5 | | | |
| | 爱护公物，节约材料，工作环境整洁 | 5 | | | |
| 专业能力 | 硬件电路绘制不正确，每错一处扣3分 | 15 | | | |
| | 指令格式应用错误，每错一处扣3分 | 15 | | | |
| | 程序编写不正确，每错一处扣5分 | 25 | | | |
| | 程序编译与仿真不符合任务要求，每项扣5分 | 20 | | | |
| 合计 | | 100 | | | |
| 总评分 | | 综合等级 | | 教师（签名） | |

注：学习任务评价采用自我评价、小组评价和教师评价三种方式，总评分=自我评价×20%+小组评价×20%+教师评价×60%，评价等级分为A（90~100）、B（80~89）、C（70~79）、D（60~69）、E（0~59）五个等级。

# 任务3　花样彩灯显示

### 学习目标

1. 熟知查表指令的功能和格式。
2. 熟知加减算术运算指令格式。
3. 能设计花样彩灯显示的硬件电路。
4. 能用查表指令编写彩灯显示程序。
5. 能与他人合作创新出多种花样彩灯显示。

## 任务引入

生活中彩灯、广告灯的显示花样是多种多样的，如图3-3-1所示，这些都可以利用单片机的控制功能实现。本任务是设计实现8只发光二极管构成的彩灯由外向内，再由内向外循环亮灭，时间间隔为0.5 s。

根据任务要求，可在单片机P2口外接8只发光二极管，LED彩灯花样显示示意图如

图 3－3－1　LED 彩灯

图 3－3－2 所示，8 只发光二极管构成的彩灯按时间由外向内，再由内向外循环亮灭，时间间隔为 0.5 s。通过对 LED 彩灯的编程控制，学习单片机控制 LED 彩灯的硬件电路设计方法，编程控制 LED 显示花样和速度，进一步学习单片机常用指令的应用。

| VD1 | VD2 | VD3 | VD4 | VD5 | VD6 | VD7 | VD8 | P0.0 | P0.1 | P0.2 | P0.3 | P0.4 | P0.5 | P0.6 | P0.7 |
|---|---|---|---|---|---|---|---|---|---|---|---|---|---|---|---|
| ● | ○ | ○ | ○ | ○ | ○ | ○ | ● | 0 | 1 | 1 | 1 | 1 | 1 | 1 | 0 |
| ○ | ● | ○ | ○ | ○ | ○ | ● | ○ | 1 | 0 | 1 | 1 | 1 | 1 | 0 | 1 |
| ○ | ○ | ● | ○ | ○ | ● | ○ | ○ | 1 | 1 | 0 | 1 | 1 | 0 | 1 | 1 |
| ○ | ○ | ○ | ● | ● | ○ | ○ | ○ | 1 | 1 | 1 | 0 | 0 | 1 | 1 | 1 |
| ○ | ○ | ○ | ● | ● | ○ | ○ | ○ | 1 | 1 | 1 | 0 | 0 | 1 | 1 | 1 |
| ○ | ○ | ● | ○ | ○ | ● | ○ | ○ | 1 | 1 | 0 | 1 | 1 | 0 | 1 | 1 |
| ○ | ● | ○ | ○ | ○ | ○ | ● | ○ | 1 | 0 | 1 | 1 | 1 | 1 | 0 | 1 |
| ● | ○ | ○ | ○ | ○ | ○ | ○ | ● | 0 | 1 | 1 | 1 | 1 | 1 | 1 | 0 |

注：○表示灯灭，●表示灯亮。

图 3－3－2　LED 彩灯花样显示示意图

## 相关知识

### 一、DB 指令

DB 是定义字节命令伪指令。该指令是从指定的地址单元开始，在 ROM 存储器的连续单元中存放所定义的若干字节数据。字节数据表可以是字节数据、字符串或表达式，字节数据表的字节数据之间必须用逗号隔开。

指令格式：　　　[标号:] DB 字节数据表

【例】TA：DB 45H，76H，82H，96H

设标号“TA”的对应地址为2000H，则以上伪指令经汇编以后，将2000H开始的若干内存单元赋值：

(2000H) =45H（2001H）=76H（2002H）=82H（2003H）=96H

## 二、查表指令

在日常生活中，很多显示设备需要单片机控制电路做复杂的运算。如大型的LED中文显示屏等。通常的做法是事先设计好数据库（比如汉字库），然后让单片机通过查表的方式调用数据库中的内容进行相应的显示。

查表操作实际上是把程序存储器里的数据通过累加器A查得后供程序中使用，由于查表操作访问的是程序存储器，所以查表指令只提供了读操作。

### 1. 以PC为基地址的查表指令

指令格式：MOVC A，@A+PC；

A加PC的值作为间接地址，将该地址的内容载入A中。此指令只能实现256 B范围内的数据查询。执行过程有以下3个步骤：

（1）将要查数据变换为其对应的索引值送入A中。

（2）将表首地址与查表指令的下一条指令地址（即PC当前值）之差和A的值相加，即对A的值进行修正，修正后A的值就是要取数据相对于查表指令的下一条指令的偏移量。

（3）执行查表指令取得所需数据。

### 2. 以DPTR为基地址的查表指令

DPTR是16位的存储单元，可分为DPL，DPH使用。可以作为指针使用，用来指向外部存储器的地址。以DPTR为基地址的查表指令格式如下：

指令格式：MOVC A，@A+DPTR；

A加DPTR的值作为间接地址，将该地址的内容载入A中。此指令可实现64 KB地址范围内的数据查询。

**【例】**已知累加器A中存有0~9范围内的数，试用查表指令编写出查找该数平方的程序。

程序如下：

```
MOV DPTR,#TABLE      ;表首地址
MOVC A,@ A+DPTR      ;累加器A中的内容恰好是查表的偏移量
TABLE:DB 0,1,4,9,16,25,36,49,64,81
若(A)=3,查表后(A)=9
```

## 三、加1和减1指令

在查表设计中经常用到加1和减1指令，下面介绍加1指令INC和减1指令DEC的用法。

### 1. 加1指令INC

指令共有5条，功能是将操作数加1，结果送回到操作数中。指令如下：

```
INC A          ;A←(A) +1
INC direct     ;direct←(direct) +1
INC Rn         ;Rn←(Rn) +1
INC @Ri        ;(Ri)←((Ri)) +1
INC DPTR       ;DPTR ←(DPTR) +1
```

INC 指令组中除了“INC A”指令影响标志位 P 外，其他指令不影响任何标志位。

**【例】**已知（A）=0A5H，（R0）=30H，（R4）=0FFH，（30H）=5AH，（DPTR）=89DAH，执行以下指令，分析操作数的内容。

```
INC A        ;(A) =0A6H
INC @R0      ;(30H) =5BH
INC R4       ;(R4) =00H
INC DPTR     ;(DPTR) =89DBH
```

**2. 减 1 指令 DEC**

指令共有 4 条，功能是将操作数减 1，结果送回到操作数中。指令如下：

```
DEC   A        ;A←(A) -1
DEC   direct   ;direct←(direct) -1
DEC   Rn       ;Rn←(Rn) -1
DEC   @Ri      ;(Ri)←((Ri)) -1
```

DEC 指令组中除了“DEC A”指令影响标志位 P 外，其他指令不影响任何标志位。

## 四、查表程序设计

查表结构程序设计在汇编语言中使用很广泛。所谓查表，就是把事先计算或测到的数据按照一定的顺序排列成表格，存放在单片机的程序存储器中。查表的任务就是根据被测数据，查出最终所需要的结果。因此，查表程序比直接用算法计算要简单很多。利用查表法可以完成数据运算和数据转换等操作，并且具有编程简单、执行速度快、适合实时控制等优点。在使用时，将 DPTR 赋值为欲查数据表的首地址，累加器 A 赋值为要查的数据，即可实现查表功能，查得的数据保存在 A 中。通用格式如下：

```
MOV DPTR, #TABLE
MOVC A, @A+DPTR
……（其他程序段）
TABLE:   DB ……（数据表）
```

其中，TABLE 是数据表首地址的标号。DB 是一条伪指令，它的用途是将表格的数据存放在 ROM 中。

# 任务实施

## 一、任务准备

准备安装有单片机开发软件的工作台、开发板，用户手册和学生用书。

## 二、LED 彩灯花样显示硬件电路设计

本任务要用单片机控制 8 只发光二极管构成的彩灯，彩灯的花样由外向内，再由内向外循环亮灭，时间间隔为 0.5 s。彩灯花样显示硬件电路如图 3－3－3 所示。

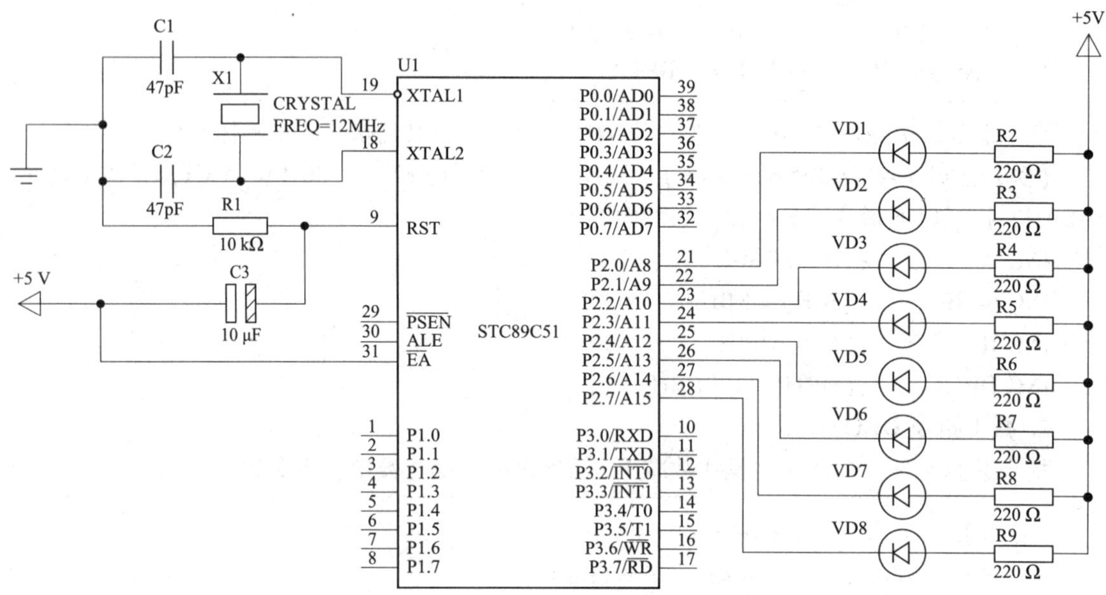


图 3－3－3　彩灯花样显示硬件电路

## 三、使用查表指令控制彩灯显示程序设计

### 1. 程序设计思路

由任务分析可知，8 只发光二极管构成的彩灯由外向内，再由内向外循环亮灭，时间间隔为 0.5 s，就是通过让单片机亮灯的引脚输出低电平，不亮灯的引脚输出高电平，且电平每间隔 0.5 s 变化一次。

LED 彩灯花样显示程序流程图如图 3－3－4 所示。

### 2. LED 彩灯花样显示参考程序

```
          ORG 0000H              ;指定 JMP BEGIN 指令存放的单元
                                 ;是由 0000H 开始的地址
          JMP BEGIN              ;无条件跳转至 BEGIN 标号处
          ORG 0030H              ;指定 MOV  R0,#00H 指令存放的单元
                                 ;是由 0030H 开始的地址
BEGIN:    MOV R0,#00H            ;将十六进制数据 00H 送 R0 寄存器
          MOV DPTR,#TAB          ;彩灯数据表首址送 DPTR
BG:       MOV A,R0               ;R0 作为查表地址偏移量
          MOVC A,@ A + DPTR      ;查表指令,取出彩灯数据表中数据送到 A 中
          MOV P2,A               ;显示彩灯
          LCALL DELAY            ;调用延时子程序
```

```
        INC R0                          ;查表地址指向下一位
        CJNE R0,#08H,BG                 ;未取完彩灯数据,跳转到 BG 处取下一个
        SJMP BEGIN                      ;全部取完彩灯数据后,跳转到 BEGIN 处重新开始
DELAY:  MOV R5,#20                      ;延时子程序,延时 0.5 秒
D1:     MOV R6,#50
D2:     MOV R7,#248
        DJNZ R7,$
        DJNZ R6,D2
        DJNZ R5,D1
        RET
TAB:    DB  07EH,0BDH,0DBH,0E7H         ;彩灯数据表
        DB  0E7H,0DBH,0BDH,7EH
        END
```

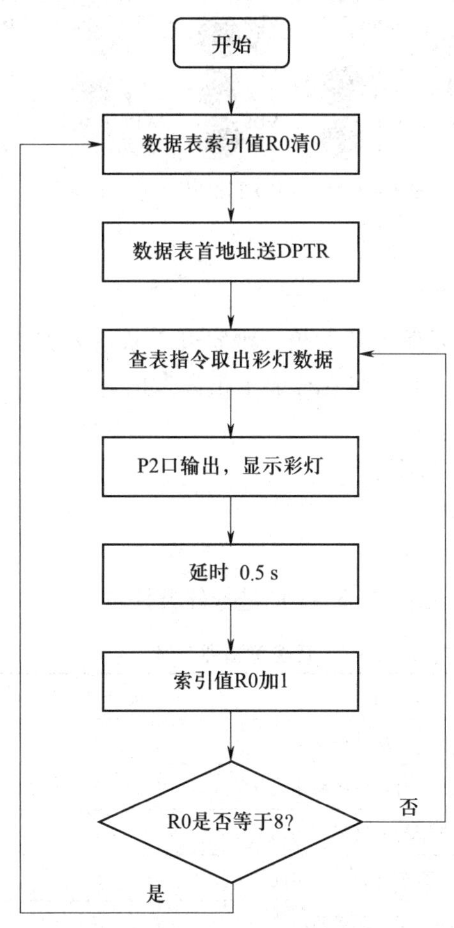


图 3-3-4　LED 彩灯花样显示程序流程图

**四、程序编译与仿真**

程序编写完成后，用 Keil 编译软件进行编译，生成 hex 文件。在 Proteus 仿真软件中按如图 3－3－3 所示电路图绘制硬件电路，并将 hex 文件载入单片机中进行仿真运行，观察单片机运行结果，检验程序和电路设计是否达到设计的要求。图 3－3－5 所示为 LED 彩灯花样显示仿真图。

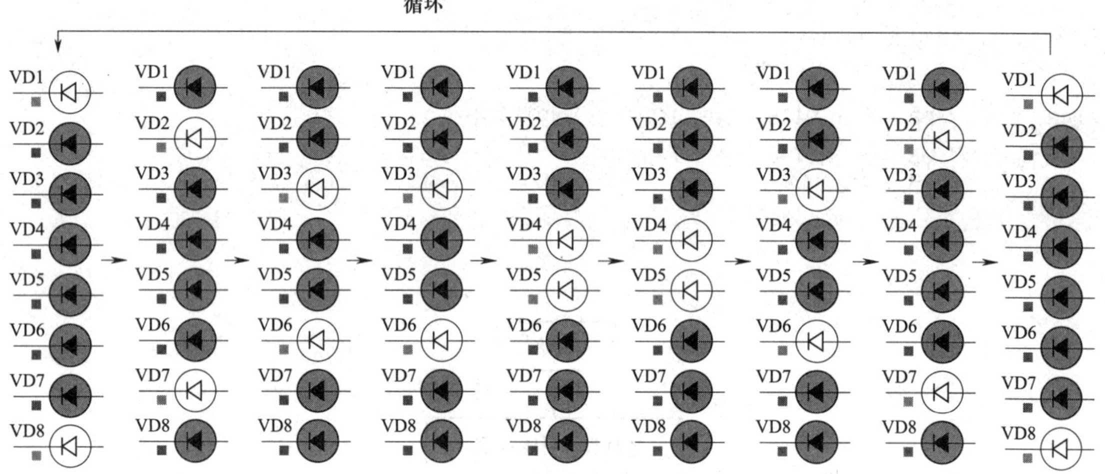


图 3－3－5　LED 彩灯花样显示仿真图

**五、开发板调试（选做）**

把 hex 文件用 ISP 软件下载到开发板，观察开发板的彩灯花样效果是否正常，如不正常，检查原因，解决问题，直到彩灯花样显示正常为止。

**六、填写学生用书**

按照要求完成学生用书的填写。

## 任务评价

根据任务考核评分表（见表 3－3－1）进行任务评价。

**表 3－3－1**　　**任务考核评分表**

| 评价项目 | 评价标准 | 配分（分） | 自我评价 | 小组评价 | 教师评价 |
|---|---|---|---|---|---|
| 职业素养 | 安全意识、责任意识、服从意识强 | 5 | | | |
| | 积极参加教学活动，按时完成各项学习任务 | 5 | | | |
| | 团队合作意识强，善于与人交流和沟通 | 5 | | | |
| | 自觉遵守劳动纪律，尊敬师长，团结同学 | 5 | | | |
| | 爱护公物，节约材料，工作环境整洁 | 5 | | | |

续表

| 评价项目 | 评价标准 | | | 配分（分） | 自我评价 | 小组评价 | 教师评价 |
|---|---|---|---|---|---|---|---|
| 专业能力 | 硬件电路绘制不正确，每错一处扣 3 分 | | | 15 | | | |
| | 指令格式应用错误，每错一处扣 3 分 | | | 15 | | | |
| | 程序编写不正确，每错一处扣 5 分 | | | 25 | | | |
| | 程序编译与仿真不符合任务要求，每项扣 5 分 | | | 20 | | | |
| 合计 | | | | 100 | | | |
| 总评分 | | 综合等级 | | 教师（签名） | | | |

注：学习任务评价采用自我评价、小组评价和教师评价三种方式，总评分 = 自我评价 ×20% + 小组评价 ×20% + 教师评价 ×60%，评价等级分为 A（90 ~ 100）、B（80 ~ 89）、C（70 ~ 79）、D（60 ~ 69）、E（0 ~ 59）五个等级。

# 任务 4　流水灯显示

## 学习目标

1. 熟知逻辑运算、移位指令的功能和格式。
2. 学会运用逻辑运算指令、移位指令编写程序。
3. 能设计流水灯显示的硬件电路。
4. 会编写流水灯显示程序。
5. 能与他人合作创新出多种彩灯花样显示。

## 任务引入

每当夜幕降临，大街上各式各样广告牌上漂亮的霓虹灯，都会让人们感到赏心悦目，为夜幕中的城市增添了一抹亮丽色彩。其实，这些霓虹灯的工作原理和单片机流水灯是一样的，实际生活中的广告灯箱彩灯、节日里各种装饰彩灯都是流水灯的典型应用。本任务是通过单片机设计实现 8 只发光二极管从左到右依次循环点亮 0.5 s。

根据任务要求，在单片机 P0 口外接 8 只发光二极管，流水灯显示示意图如图 3 – 4 – 1 所示。若让接在 P0.0 引脚上的 VD1 亮起来，只要使 P0.0 口的电平为低电平即可；相反，如果让 VD1 熄灭，就要把 P0.0 口的电平变为高电平；同理，接在 P0.0 ~ P0.7 口的其他 7 个发光二极管的点亮和熄灭与 VD1 相同。只要依次使 P0.0→P0.1→P0.2→…→P0.7 口的电平先低电平再高电平，就可以控制 8 只发光二极管从左到右每次点亮一只，无限循环，实现“流水”的效果，即流水灯。

| VD1 | VD2 | VD3 | VD4 | VD5 | VD6 | VD7 | VD8 | P0.0 | P0.1 | P0.2 | P0.3 | P0.4 | P0.5 | P0.6 | P0.7 |
|---|---|---|---|---|---|---|---|---|---|---|---|---|---|---|---|
| ○ | ○ | ○ | ○ | ○ | ○ | ○ | ● | 1 | 1 | 1 | 1 | 1 | 1 | 1 | 0 |
| ○ | ○ | ○ | ○ | ○ | ○ | ● | ○ | 1 | 1 | 1 | 1 | 1 | 1 | 0 | 1 |
| ○ | ○ | ○ | ○ | ○ | ● | ○ | ○ | 1 | 1 | 1 | 1 | 1 | 0 | 1 | 1 |
| ○ | ○ | ○ | ○ | ● | ○ | ○ | ○ | 1 | 1 | 1 | 1 | 0 | 1 | 1 | 1 |
| ○ | ○ | ○ | ● | ○ | ○ | ○ | ○ | 1 | 1 | 1 | 0 | 1 | 1 | 1 | 1 |
| ○ | ○ | ● | ○ | ○ | ○ | ○ | ○ | 1 | 1 | 0 | 1 | 1 | 1 | 1 | 1 |
| ○ | ● | ○ | ○ | ○ | ○ | ○ | ○ | 1 | 0 | 1 | 1 | 1 | 1 | 1 | 1 |
| ● | ○ | ○ | ○ | ○ | ○ | ○ | ○ | 0 | 1 | 1 | 1 | 1 | 1 | 1 | 1 |

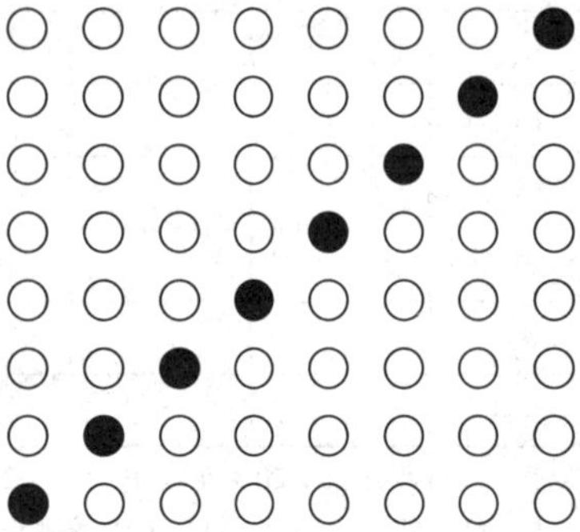

图 3－4－1　流水灯显示示意图

## 相关知识

### 一、与、或、异或运算指令

**1. 与操作——ANL <dest－byte>，<src－byte>**

与操作的功能与数字电路中的与门相似，只有两个操作数都是 1 时，与操作的结果才是 1。指令中的 <dest-byte> 代表“目的操作数－以字节形式”，<src-byte> 代表“源操作数－以字节形式”。与操作有以下 6 条指令：

```
ANL A, Rn              ;将工作寄存器 Rn 与累加器 A 的值做与运算，结果存回 A
ANL A, direct          ;将直接地址 direct 的内容与 A 的值做与运算，结果存回 A
ANL A, @Ri             ;将间接地址@Ri 的内容与 A 的值做与运算，结果存回 A
ANL A, #data           ;立即数#data 与 A 的值做与运算，结果存回 A
ANL direct, A          ;A 的值与直接地址 direct 的内容做与运算，
                       ;结果存回直接地址 direct 中
ANL direct, #data      ;立即数#data 与直接地址 direct 的内容做与运算，
                       ;结果存回直接地址 direct 中
```

说明：以上指令对两个操作数的同一位进行与操作，只有两个操作数同一位都是 1，与操作的结果才是 1，结果存回目的操作数中。

**【例】** 执行下列程序，了解与操作指令。

```
MOV   A,#65H   ;(A)=65H
ANL   A,#0FH   ;(A)=65H ANL 0FH
```

运算过程：

```
65H →   0 1 1 0 0 1 0 1
0FH → ∧ 0 0 0 0 1 1 1 1
      -----------------
        0 0 0 0 0 1 0 1
```

运算结果：0000 0101 （A）=05H

**2. 或操作——ORL <dest - byte>， <src - byte>**

或操作的功能与数字电路中的或门相似，只要有一个操作数是1，或操作的结果就是1。或操作有以下6条指令：

```
ORL A，Rn             ;将工作寄存器Rn与累加器A的值做或运算，结果存回A
ORL A，direct         ;将直接地址direct的内容与A的值做或运算，结果存回A
ORL A，@Ri            ;将间接地址@Ri的内容与A的值做或运算，结果存回A
ORL A，#data          ;立即数#data与A的值做或运算，结果存回A
ORL direct，A         ;A的值与直接地址direct的内容做或运算，
                      ;结果存回直接地址direct中
ORL direct，#data     ;立即数#data与直接地址direct的内容做或运算，
                      ;结果存回直接地址direct中
```

说明：以上指令对两个操作数的同一位进行或操作，两个操作数的同一位只要有一个是1，或操作的结果就是1，结果存回目的操作数中。

**【例】**执行下列程序，了解或操作指令

```
MOV     A,#16H  ;(A)=16H
ORL     A,#59H  ;(A)=16H ORL 59H
```

运算过程：

```
16H →   0 0 0 1 0 1 1 0
59H → ∨ 0 1 0 1 1 0 0 1
      -----------------
        0 1 0 1 1 1 1 1
```

运算结果：0101 1111 （A）=5FH

**3. 异或操作——XRL <dest - byte>， <src - byte>**

异或操作的功能与数字电路中的异或门相似，如果两个操作数相同，异或操作的结果为0，否则为1。异或操作有以下6条指令：

```
XRL A，Rn             ;将工作寄存器Rn与累加器A的值做异或运算，结果存回A
XRL A，direct         ;将直接地址direct的内容与A的值做异或运算，结果存回A
XRL A，@Ri            ;将间接地址@Ri的内容与A的值做异或运算，结果存回A
XRL A，#data          ;立即数#data与A的值做异或运算，结果存回A
XRL direct，A         ;A的值与直接地址direct的内容做异或运算，
                      ;结果存回直接地址direct中
XRL direct，#data     ;立即数#data与直接地址direct的内容做异或运算，
                      ;结果存回直接地址direct中
```

说明：以上指令对两个操作数的同一位进行异或操作，两个操作数的同一位都为0或1

时异或操作结果为0，否则结果是1，结果存回目的操作数中。

【例】执行下列程序，了解XRL操作指令

```
MOV   A,#76H  ;(A)=76H
XRL   A,#59H  ;(A)=76H XRL 59H
```

运算过程：

76H→ 0 1 1 1 0 1 1 0

59H→⊕0 1 0 1 1 0 0 1

0 0 1 0 1 1 1 1

运算结果：0010 1111（A）=2FH

## 二、清零、取反指令

### 1. 累加器A清零指令

```
CLR A  ;(A)←0  ;累加器A清零，不影响标志位
```

【例】设（A）=9AH（10011010B），执行指令CLR A后，A清零，即A的每位均清零，即（A）=00H（0000 0000B）

### 2. 累加器A取反指令

```
CPL A  ;(A)←(A)  ;对累加器A的内容逐位取反，不影响标志位
```

（注：原书第二个(A)上方有取反横线）

【例】设（A）=96H（1001 0110B），执行指令CPL A后，对累加器A的内容逐位取反，即（A）=69H（0110 1001B）

## 三、移位指令

移位操作只能对累加器A进行，共4条指令，用于累加器A内部位的移动，操作码及功能如下。

```
RL A     ;累加器A左移一位
RLC A    ;累加器A含进位CY左移一位
RR A     ;累加器A右移一位
RRC A    ;累加器A含进位CY右移一位
```

### 1. 累加器左循环移位

RL A ;A（n+1）←An，A0←A7

功能：累加器A左移一位。每次移出累加器A的位A7进入位A0。

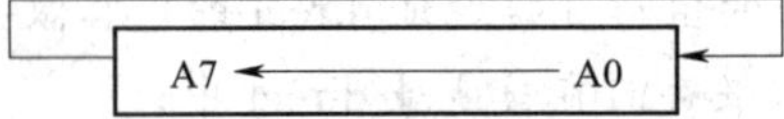


### 2. 累加器含进位左循环移位

```
RLC A  ;A(n+1)←An, CY←A7 , A0←CY
```

功能：累加器A含进位CY左移一位。每次移出累加器A的位A7进入进位CY中，而

进位 CY 则进入位 A0 中。

**3. 累加器右循环移位**

```
RR A   ; An←A (n+1), A7←A0
```

功能：累加器 A 右移一位。每次移出累加器 A 的位 A0 进入位 A7。

A7 → A0

**4. 累加器含进位右循环移位**

```
RRC A   ; An←A (n+1), CY←A0, A7←CY
```

功能：累加器 A 含进位 CY 右移一位。每次移出累加器 A 的位 A0 进入进位 CY 中，而进位 CY 则进入位 A7 中。

## 任务实施

### 一、任务准备

准备安装有单片机开发软件的工作台、开发板，用户手册和学生用书。

### 二、流水灯硬件电路设计

本任务要实现用单片机控制 8 只发光二极管构成的流水灯，流水灯硬件电路类似任务 3 彩灯电路，硬件电路参考图 3-3-3 所示。

### 三、流水灯显示程序设计

**1. 程序设计思路**

由于单片机可以按引脚单独驱动，也可以用整个端口同时驱动，所以能够实现流水灯显示的方法较多，可以用位操作指令顺序控制实现流水灯显示，也可用移位指令实现流水灯显示等。

**2. 程序设计**

（1）位操作指令顺序控制实现流水灯显示程序设计

位操作指令顺序控制实现流水灯显示的程序流程图如图 3-4-2 所示。

参考源程序如下：

```
        ORG   0000H         ;指定 JMP BEGIN 指令存放的单元
                            ;是由 0000H 开始的地址
        JMP   START         ;无条件跳转至 START 标号处
        ORG   0030H         ;指定 CLR  P2.0 指令存放的单元
```

```
                                ;是由 0030H 开始的地址
START:  CLR   P2.0              ;P2.0 输出低电平,VD1 灯亮
        LCALL  DELAY            ;延时 0.5s
        SETB  P2.0              ;P2.0 输出高电平,VD1 灯灭
        CLR   P2.1              ;P2.1 输出低电平,VD2 灯亮
        LCALL  DELAY            ;延时 0.5s
        SETB  P2.1              ;P2.1 输出高电平,VD2 灯灭
        CLR   P2.2              ;P2.2 输出低电平,VD3 灯亮
        LCALL  DELAY            ;延时 0.5s
        SETB  P2.2              ;P2.2 输出高电平,VD3 灯灭
        CLR   P2.3              ;P2.3 输出低电平,VD4 灯亮
        LCALL  DELAY            ;延时 0.5s
        SETB  P2.3              ;P2.3 输出高电平,VD4 灯灭
        CLR   P2.4              ;P2.4 输出低电平,VD5 灯亮
        LCALL  DELAY            ;延时 0.5s
        SETB  P2.4              ;P2.4 输出高电平,VD5 灯灭
        CLR   P2.5              ;P2.5 输出低电平,VD6 灯亮
        LCALL  DELAY            ;延时 0.5s
        SETB  P2.5              ;P2.5 输出高电平,VD6 灯灭
        CLR   P2.6              ;P2.6 输出低电平,VD7 灯亮
        LCALL  DELAY            ;延时 0.5s
        SETB  P2.6              ;P2.6 输出高电平,VD7 灯灭
        CLR   P2.7              ;P2.7 输出低电平,VD8 灯亮
        LCALL  DELAY            ;延时 0.5s
        SETB  P2.7              ;P2.7 输出高电平,VD7 灯灭
        LJMP  START             ;跳转到 START 开始处,循环执行程序
DELAY:  MOV  R5,#50             ;延时 0.5s 子程序
DE1:    MOV  R6,#20
DE2:    MOV  R7,#250
        DJNZ  R7,$
        DJNZ  R6,DE2
        DJNZ  R5,DE1
        RET                     ;返回子函数
        END
```

（2）移位指令实现流水灯显示程序设计

位操作指令顺序控制端口实现流水灯显示的程序较复杂，采用移位指令来实现流水灯显示程序则简单许多，其程序流程图如图 3－4－3 所示。

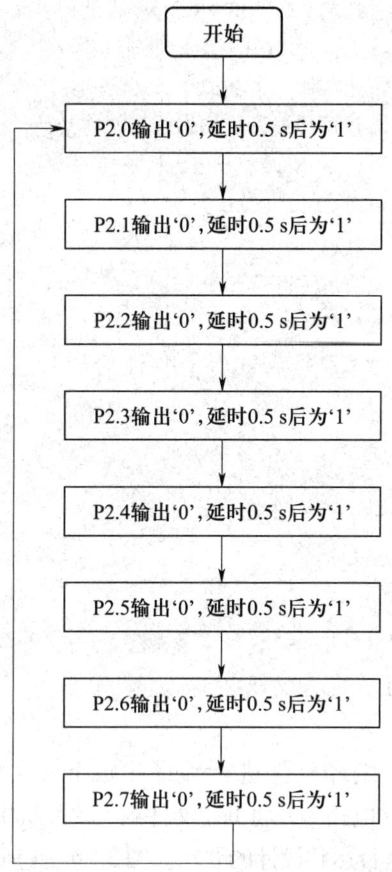


图 3－4－2　位操作指令顺序控制实现流水灯显示的程序流程图

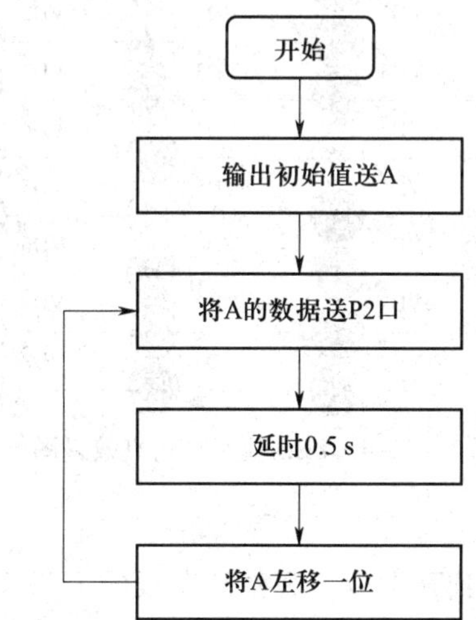


图 3－4－3　移位指令实现流水灯显示的程序流程图

参考源程序如下：

```
          ORG  0000H        ;指定 JMP  START 指令存放的单元
                            ;是由 0000H 开始的地址
          JMP  START        ;无条件跳转至 START 标号处
          ORG  0030H        ;指定 MOV  A,#0FEH 指令存放的单元
                            ;是由 0030H 开始的地址
START:    MOV  A,#0FEH      ;送 1111 1110 到 A
LOOP:     MOV  P2,A         ;点亮 P2 引脚连接的 LED
          LCALL  DELAY      ;调用延时子程序
          RL  A             ;A 左移 1 位
          SJMP  LOOP        ;跳转至 LOOP 标号处
DELAY:    MOV R5,#20        ;延时子程序,延时 0.5s
D1:       MOV R6,#50
D2:       MOV R7,#248
          DJNZ R7,$
          DJNZ R6,D2
          DJNZ R5,D1
          RET
          END
```

## 四、程序编译与仿真

程序编写完成后，用 Keil 编译软件进行编译生成 hex 文件。在 Proteus 仿真软件中按图 3－3－3 所示电路图绘制硬件电路，并将 hex 文件载入单片机中进行仿真运行，观察单片机运行结果，检验程序和电路设计是否达到设计的要求。图 3－4－4 所示为 LED 流水灯仿真效果图。

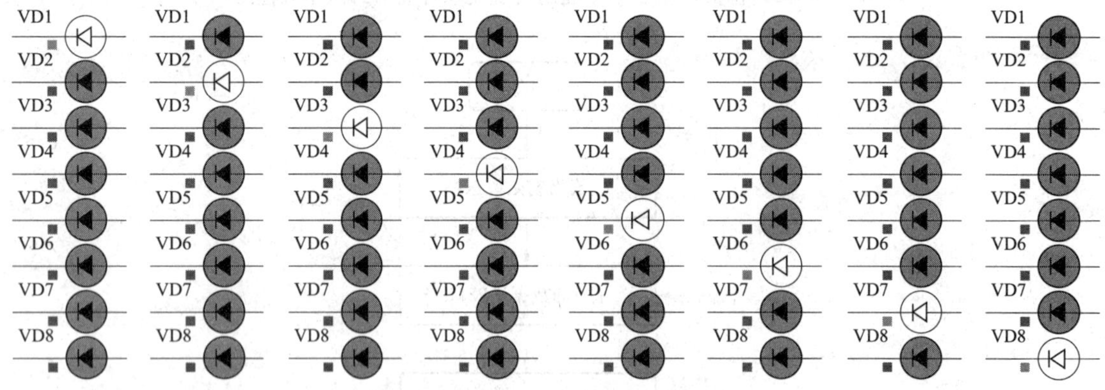


图 3－4－4　LED 流水灯仿真效果图

## 五、开发板调试（选做）

把 hex 文件用 ISP 软件下载到开发板，观察开发板的 LED 灯流水点亮的效果是否正常，如不正常，检查原因，解决问题，直到流水灯的效果与要求相符为止。

## 六、填写学生用书

按照要求完成学生用书的填写。

## 任务评价

根据任务考核评分表（见表 3－4－1）进行任务评价。

**表 3－4－1　　任务考核评分表**

| 评价项目 | 评价标准 | 配分（分） | 自我评价 | 小组评价 | 教师评价 |
|---|---|---|---|---|---|
| 职业素养 | 安全意识、责任意识、服从意识强 | 5 | | | |
| | 积极参加教学活动，按时完成各项学习任务 | 5 | | | |
| | 团队合作意识强，善于与人交流和沟通 | 5 | | | |
| | 自觉遵守劳动纪律，尊敬师长，团结同学 | 5 | | | |
| | 爱护公物，节约材料，工作环境整洁 | 5 | | | |
| 专业能力 | 硬件电路绘制不正确，每错一处扣 3 分 | 15 | | | |
| | 指令格式应用错误，每错一处扣 3 分 | 15 | | | |
| | 程序编写不正确，每错一处扣 5 分 | 25 | | | |
| | 程序编译与仿真不符合任务要求，每项扣 5 分 | 20 | | | |
| 合计 | | 100 | | | |
| 总评分 | | 综合等级 | | 教师（签名） | |

注：学习任务评价采用自我评价、小组评价和教师评价三种方式，总评分＝自我评价×20%＋小组评价×20%＋教师评价×60%，评价等级分为 A（90～100）、B（80～89）、C（70～79）、D（60～69）、E（0～59）五个等级。

# 任务 5　键控流水灯

### 学习目标

1. 认知独立按键的基本特点和接口电路。
2. 熟知位转移指令的功能和格式。
3. 学会用位控制指令编写按键消抖程序。
4. 能设计键控流水灯的硬件电路。
5. 会编写键控流水灯程序。
6. 能设计开关控制 LED 灯效果的系统。

## 任务引入

本任务是在任务 4 的基础上，采用按键来控制流水灯开始、停止、正向、反向控制，实现键控流水灯的效果，要求选用合适的单片机、开关和 LED 灯，用单片机开发软件绘制键控流水灯电路图，提交编写源代码，并用软件及开发板进行仿真。

本任务要求通过单片机编制键控流水灯，完成流水灯效果可控的要求。为完成此任务，需要学习按键接口电路，学习位转移指令等编程基础知识。

## 相关知识

### 一、独立按键

#### 1. 按键分类与输入原理

按键按照结构原理分为两类，一类是触点式开关按键，如机械式开关、导电橡胶式开关等；另一类是无触点式开关按键，如电气式按键，磁感应按键等。前者造价低，后者寿命长。目前，触点式开关应用较为广泛，常见的触点式开关有轻触式开关按键、汽车转向灯开关、汽车双闪灯开关，如图 3－5－1 所示。

a)

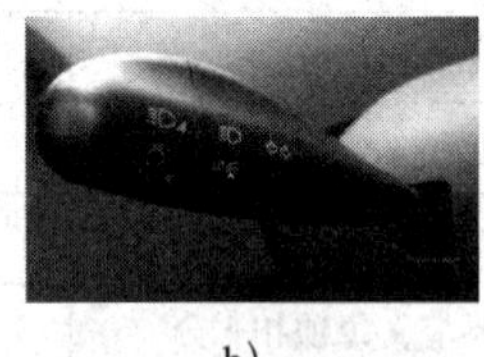
b)

c)

图 3－5－1　按键实物和电路符号

a）轻触式开关按键　b）汽车转向灯开关　c）汽车双闪灯开关

单片机控制系统中，按键主要作为输入设备使用，通过按键向单片机 I/O 口引脚输入信号，单片机根据按键输入信号的状态达到控制外围设备的功能。例如：在单片机控制系统中，通过按键控制 LED 灯亮或灭。当按键按下时，单片机读取按键输入电平，然后判断当前按键状态是否为按键按下时的状态，如果确定是按键按下，则控制 LED 灯亮；当按键弹起时，单片机读取按键输入电平，然后判断当前按键状态是否为按键弹起时的状态，如果确定是按键弹起，则控制 LED 灯灭。

#### 2. 按键结构与特点

计算机键盘通常使用机械触点式按键开关，其主要功能是把机械上的通断转换为电气上的逻辑关系。也就是说，它能提供标准的 TTL 逻辑电平，以便与通用数字系统的逻辑电平相容。机械式按键在按下或释放时，由于机械弹性作用的影响，通常伴随有一定的时间的触点机械抖动，然后其触点才稳定下来。按键抖动过程如图 3－5－2 所示，抖动时间的长短与开关的机械特性有关，一般为 5～10 ms。在触点抖动期间检测按键的通与断，可能导致判断出错，即按键一次按下或释放错误的被认为是多次操作，这种情况是不允许出现的。为了克服按键触点机械抖动所致的检测误判，必须采取消抖措施。按键较少时，可采用硬件消抖；按键较多时，采用软件消抖。软件消抖常采用 10ms 延时程序来实现，软件消抖流程如图 3－5－3 所示。

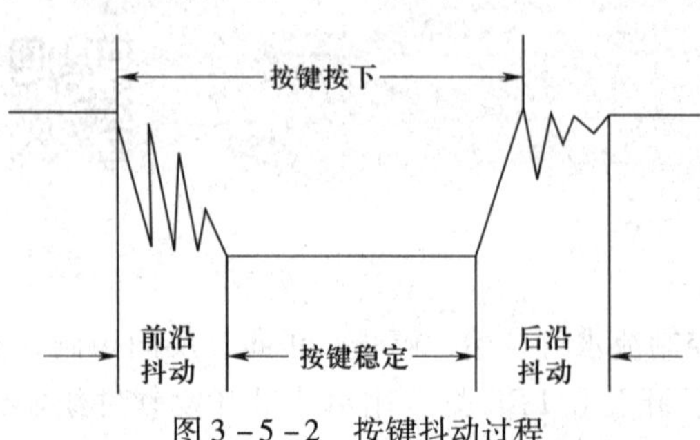

图 3－5－2　按键抖动过程

**3. 按键与单片机接口电路**

单片机控制系统中，如果只需要几个功能键，可采用独立按键结构。独立按键是直接用 I/O 口线构成的单个按键电路，其特点是每个按键单独占用一根 I/O 口线，每个按键的工作不会影响其他 I/O 口线的状态。独立按键的典型应用电路如图 3-5-4 所示。独立按键电路配置灵活，软件结构简单，但每个按键必须占用一个 I/O 口线，因此，在按键较多时，I/O 口线浪费较大，不宜采用。

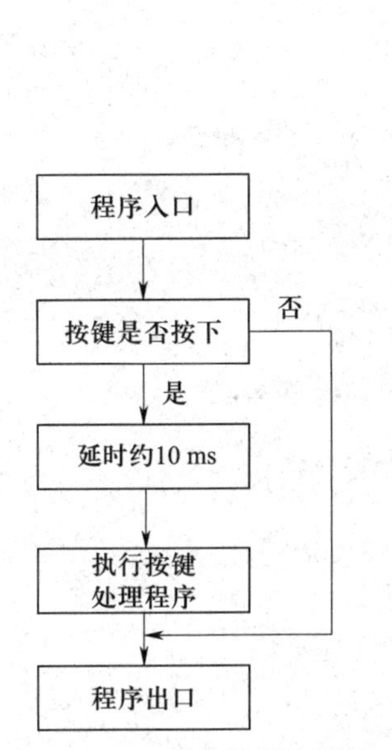


图 3-5-3　软件消抖流程图

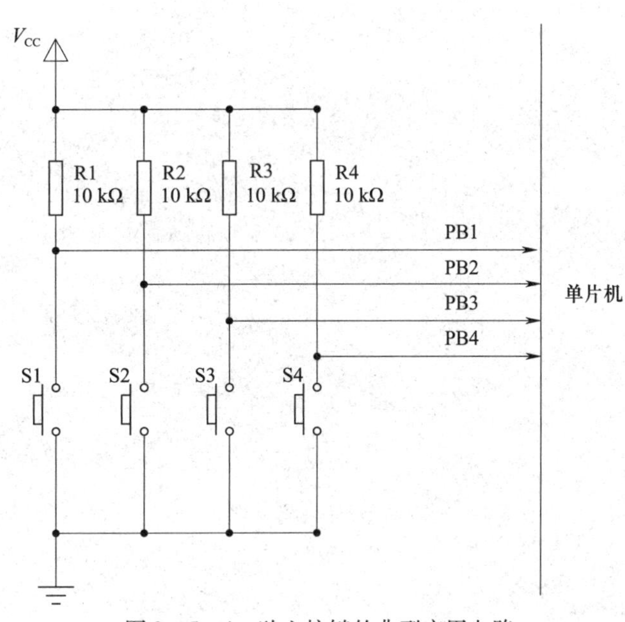


图 3-5-4　独立按键的典型应用电路

**4. 独立按键的检测编程**

```
LOOP:JNB   P2.0,K1 ;检测 P2.0 所接按键是否按下,假如按键按下,
                   ;则 P2.0  引脚为低电平,此时程序跳
                   ;转至 K1 标号处,执行按键处理程序.假如按键没有按下,
                   ;则 P2.0 引脚为高电平,则程序继续往下执行.
     LJMP   LOOP   ;跳转至 LOOP 处继续判断按键是否按下
K1:........        ;
     LJMP   LOOP   ;跳转至 LOOP 处继续检测按键状态
```

## 二、位转移指令

位转移指令有以 CY 为条件的位转移指令和以 BIT 为条件的位转移指令，共 5 条。

**1. 以 CY 为条件的位转移指令**

JC rel；如果 CY 位 =1，跳转到目标语句，否则顺序执行

JNC rel；如果 CY 位 =0，跳转到目标语句，否则顺序执行

**2. 以 BIT 为条件的位转移指令**

JB bit，rel；如果 bit = 1，跳转到目标语句，否则顺序执行
JNB bit，rel；如果 bit≠1，跳转到目标语句，否则顺序执行

【例】位转移指令根据按键状态控制位口实现 LED 灯点亮和熄灭示例

示例程序如下：

```
        ORG     0000H       ;指定 JMP MAIN 指令存放的单元
                            ;是由 0000H 开始的地址
        JMP     MAIN        ;无条件跳转至 MAIN 标号处
        ORG     0030H       ;指定 SETB P2.0 指令存放的单元
                            ;是由 0030H 开始的地址
MAIN:   SETB    P2.0        ;P2.0 所接的 LED 灯 D1 熄灭
LOOP:   JNB     P2.2,K1     ;检测 P2.2 所接按键是否按下,假如按键按下,
                            ;则 P2.2 引脚为低电平,则程序跳
                            ;转至 K1 标号处执行程序,假如按键没有按下,
                            ;则 P2.2 引脚为高电平,则程序继续往下执行.
        SETB    P2.0        ;D1 灯熄灭
        AJMP    LOOP        ;循环
K1:     CLR     P2.0        ;D1 灯点亮
        AJMP    LOOP        ;循环
        END
```

## 任务实施

### 一、任务准备

准备安装有单片机开发软件的工作台、开发板，用户手册和学生用书。

### 二、键控流水灯硬件电路设计

根据任务描述，本任务是在流水灯电路基础上，增加 4 个按键分别控制流水灯的开始、停止、正向、反向等功能控制。键控流水灯硬件电路如图 3 – 5 – 5 所示，独立按键开关 K1、K2、K3、K4 接在 P1 引脚，8 只 LED 灯接 P2 引脚。

### 三、键控流水灯程序设计

**1. 程序设计思路**

如图 3 – 5 – 5 所示，开关 K1、K2、K3、K4 分别控制流水灯开始、停止、反向和正向功能，键控流水灯实现功能如下：

（1）当 K1 按下时，流水灯开始启动且正向移动流水灯显示。

（2）当 K2 按下时，流水灯停止移动，停在当前 LED 灯显示位置，只有再次 K1 按下时，流水灯才能从当前 LED 灯再次移动显示。

（3）当 K3 按下时，流水灯从当前 LED 灯反向移动流水灯显示。

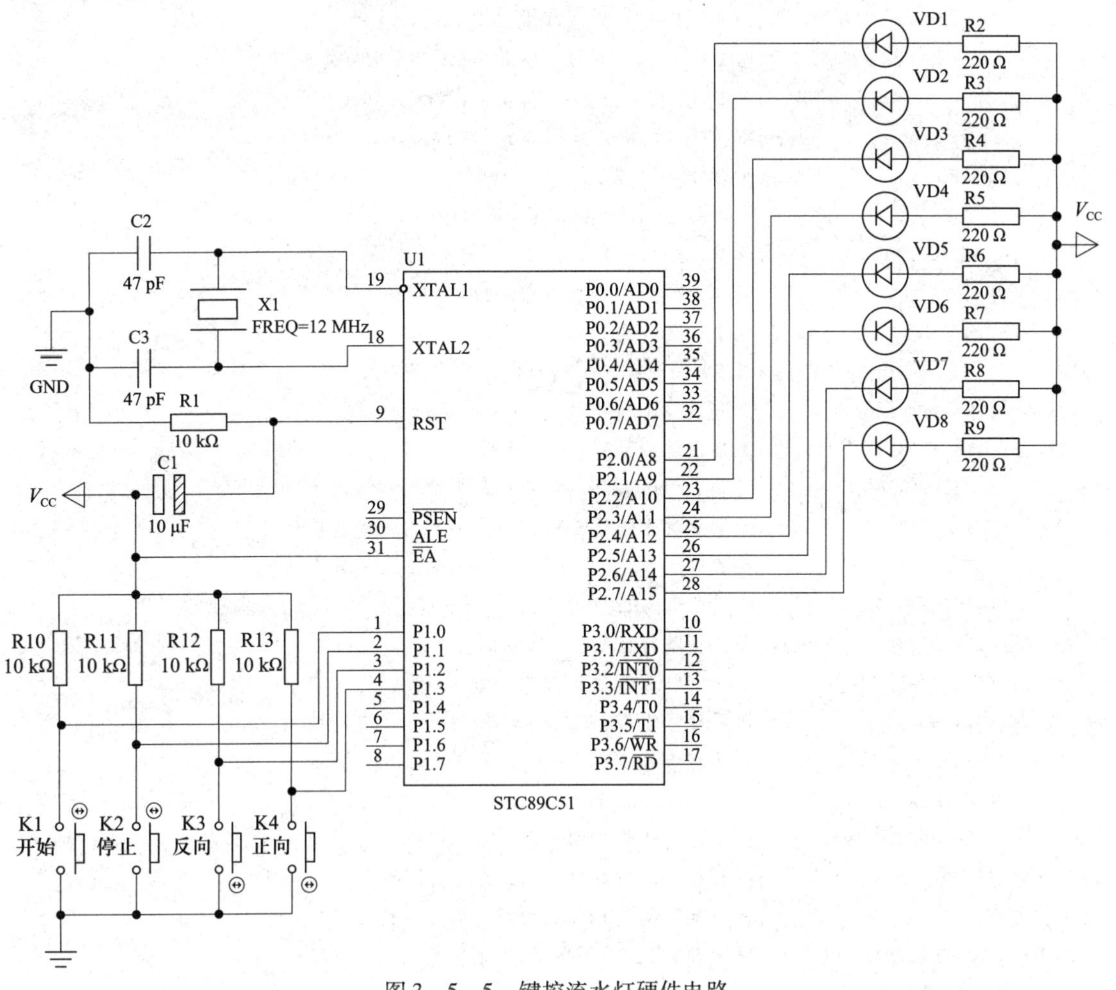


图 3-5-5　键控流水灯硬件电路

（4）当 K4 按下时，流水灯从当前 LED 灯正向移动流水灯显示。

键控流水灯主程序流程图如图 3-5-6 所示。

**2. 程序设计**

参考源程序如下：

```
        ORG  0000H      ;
        JMP  MAIN       ;无条件跳转至 MAIN 标号处
        ORG  0030H      ;主程序从 0030H 地址开始运行
MAIN:   MOV  P2,#0FFH   ;初始状态,LED 灯熄灭
        MOV  R1,#00H
        MOV  R2,#00H
        MOV  A,#0FEH    ;A 赋值"1111 1110"
LOOP:   JNB  P1.0,START ;当 K1 按下时,则程序跳转至 START 标号处
        JNB  P1.1,STOP  ;当 K2 按下时,则程序跳转至 STOP 标号处
```

```
        JNB   P1.2,FAN          ;当 K3 按下时,则程序跳转至 FAN 标号处
        JNB   P1.3,ZHENG        ;当 K4 按下时,则程序跳转至 ZHENG 标号处
        CJNE R1,#01H,LOOP       ;若 K1 未按下或 K2 按下,转至 LOOP 循环
        MOV P2,A                ;K1 按下时,将 A 数据送 P2 口,显示 LED 灯
        MOV R5,#20              ;延时 0.2 s 程序初值 R5 赋值 20
        LCALL DELAY             ;调用延时程序 DELAY,延时 0.2 s
        CJNE R2,#01,ZZ          ;若 K3 未按下时,转至 ZZ 标号处
        RR A                    ;若 K3 按下时,循环右移一位,反向循环流水显示
        LJMP   LOOP             ;无条件跳转至 LOOP 标号处
ZZ:     RL A                    ;若 K4 按下或 K1 按下时,循环左移一位,
                                ;正向循环流水显示
        LJMP   LOOP             ;无条件跳转至 LOOP 标号处
START:MOV R5,#1                 ;延时 10 ms 程序初值 R5 赋值 1
        LCALL DELAY             ;调用延时程序 DELAY,延时 10 ms,按键消抖
        JB P1.0,LOOP            ;再次判断 K1 是否按下,无则转至 LOOP 循环
        MOV R1,#01H             ;K1 按下时,R1 赋值 01H
        LJMP LOOP               ;无条件跳转至 LOOP 标号处
STOP:   MOV R5,#1               ;延时 10 ms 程序初值 R5 赋值 1
        LCALL DELAY             ;调用延时程序 DELAY,延时 10 ms,按键消抖
        JB P1.1,LOOP            ;再次判断 K2 是否按下,无则转至 LOOP 循环
        MOV R1,#00H             ;K2 按下时,R1 赋值 00H
        LJMP   LOOP             ;无条件跳转至 LOOP 标号处
FAN:    MOV R5,#1               ;延时 10 ms 程序初值 R5 赋值 1
        LCALL DELAY             ;调用延时程序 DELAY,延时 10 ms,按键消抖
        JB P1.2,LOOP            ;再次判断 K3 是否按下,无则转至 LOOP 循环
        MOV R2,#01H             ;K3 按下时,R2 赋值 01H
        LJMP   LOOP             ;无条件跳转至 LOOP 标号处
ZHENG:MOV R5,#1                 ;延时 10 ms 程序初值 R5 赋值 1
        LCALL DELAY             ;调用延时程序 DELAY,延时 10 ms,按键消抖
        JB P1.3,LOOP            ;再次判断 K4 是否按下,无则转至 LOOP 循环
        MOV R2,#00H             ;K4 按下时,R2 赋值 00H
        LJMP   LOOP             ;无条件跳转至 LOOP 标号处
DELAY:                          ;延时子程序
D1:     MOV R6,#10
D2:     MOV R7,#248
        DJNZ R7, $
        DJNZ R6,D2
        DJNZ R5,D1
        RET
        END
```

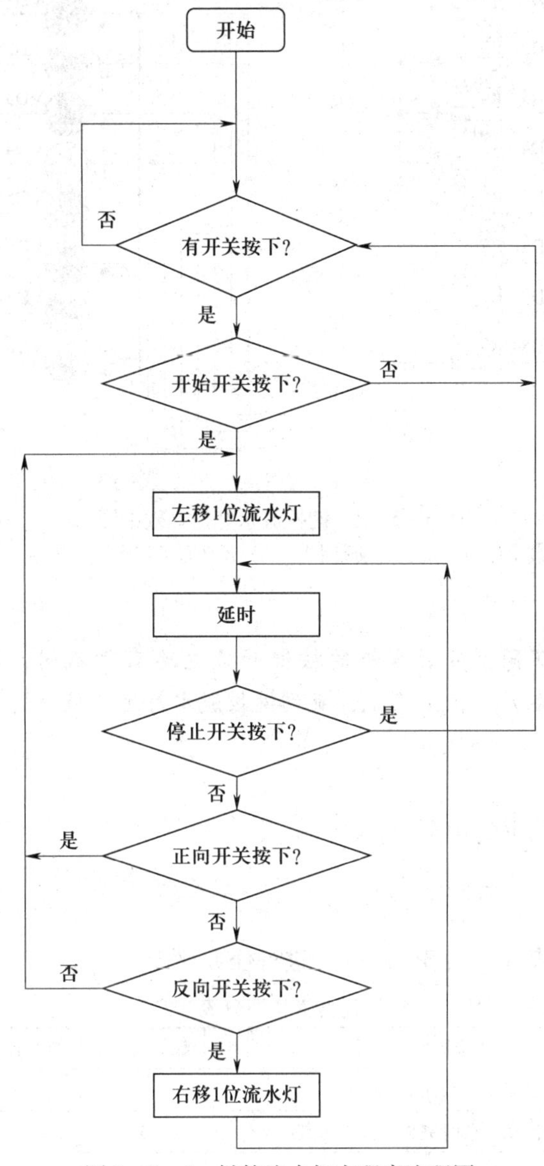


图 3－5－6　键控流水灯主程序流程图

**四、程序编译与仿真**

程序编写完成后，用 Keil 编译软件进行编译生成 hex 文件。在 Proteus 仿真软件中按图 3－5－5 所示电路图绘制硬件电路，并将 hex 文件载入单片机中进行仿真运行，观察单片机运行结果，检验程序和电路设计是否达到设计的要求。图 3－5－7 所示为键控流水灯仿真效果图。

**五、开发板调试（选做）**

把 hex 文件用 ISP 软件下载到开发板，观察键控流水灯运行是否正常。如不正常，检查原因，解决问题，直到键控流水灯效果与要求相符为止。

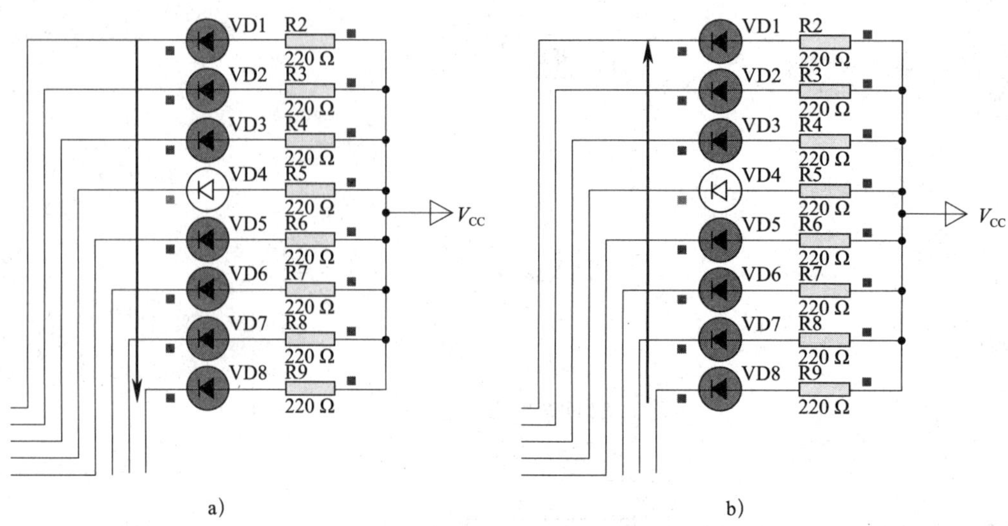


图 3－5－7　键控流水灯仿真效果图

a）正向移动流水灯　b）反向移动流水灯

不同型号开发板的按键开关电路有所不同，请查阅资料，修改程序，在开发板上调试，直到键控流水灯运行效果符合要求。

### 六、填写学生用书

按照要求完成学生用书的填写。

## 任务评价

根据任务考核评分表（见表 3－5－1）进行任务评价。

**表 3－5－1　任务考核评分表**

| 评价项目 | 评价标准 | 配分（分） | 自我评价 | 小组评价 | 教师评价 |
|---|---|---|---|---|---|
| 职业素养 | 安全意识、责任意识、服从意识强 | 5 | | | |
| | 积极参加教学活动，按时完成各项学习任务 | 5 | | | |
| | 团队合作意识强，善于与人交流和沟通 | 5 | | | |
| | 自觉遵守劳动纪律，尊敬师长，团结同学 | 5 | | | |
| | 爱护公物，节约材料，工作环境整洁 | 5 | | | |
| 专业能力 | 硬件电路绘制不正确，每错一处扣 3 分 | 15 | | | |
| | 指令格式应用错误，每错一处扣 3 分 | 15 | | | |
| | 程序编写不正确，每错一处扣 5 分 | 25 | | | |
| | 程序编译与仿真不符合任务要求，每项扣 5 分 | 20 | | | |
| 合计 | | 100 | | | |
| 总评分 | 综合等级 | | 教师（签名） | | |

注：学习任务评价采用自我评价、小组评价和教师评价三种方式，总评分＝自我评价×20%＋小组评价×20%＋教师评价×60%，评价等级分为 A（90～100）、B（80～89）、C（70～79）、D（60～69）、E（0～59）五个等级。

# 项目四 LED 数码管显示器

在工业生产中常需将仪器仪表检测出的结果显示出来，体育比赛中也经常需要将比赛时间和结果进行对外显示，面对这些场景一般用 LED 数码管（以下简称数码管）作为显示设备，如图 4－0－1 所示。数码管作为人机交互的输出设备被广泛应用于各行各业。本项目将学习用单片机控制数码管显示。

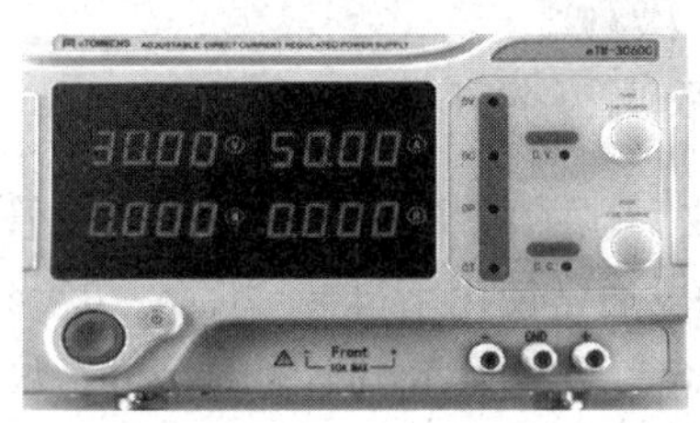


a)

b)

图 4－0－1　数码管显示器

a）仪表显示器　b）计时显示器

## 任务 1　数码管静态显示

### 学习目标

1. 通过数码管认知学习，会识别数码管结构。
2. 熟知数码管静态显示工作过程。
3. 能设计数码管静态显示驱动电路。
4. 会编写单个数码管的显示程序。
5. 能与他人分析讨论，发现并解决程序编写和调试问题。

### 任务引入

在自动化车间中，机械手抓取工件，计数一般采用数码管来显示。本任务要求设计一个数码管显示器，实现间隔 1s 循环显示 0 ~9 功能。

本任务需要数码管显示数字。为完成此任务，需学习数码管的结构、静态显示原理、电路连接方法和静态显示编程等相关知识。

## 相关知识

### 一、LED 数码管

#### 1. 数码管的结构

数码管是一种发光的半导体元器件，其基本单元由 LED 发光二极管组成。对其相应的引脚输入合适的电流，对应的二极管导通发亮，可以显示出字符。具有显示清晰、亮度高、接口方便、价格便宜等优点。数码管实物图如图 4 -1 -1 所示。

图 4 -1 -1　数码管实物图

LED 数码管由 8 只发光二极管组成，其数字显示由 7 个条形发光二极管（称之为段）形成的“8”字形和小数点 dp 组成。数码管的段通常使用字母 a、b、c、d、e、f、g、dp 来标识。通过控制不同段的发光二极管的导通组合，可以显示出不同的字符。数码管的结构如图 4 -1 -2 所示。

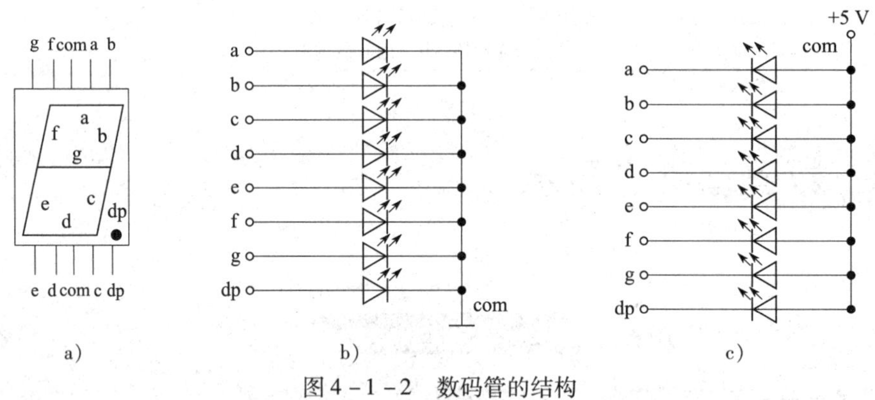


图 4 -1 -2　数码管的结构

a）引脚排列　b）共阴极接法　c）共阳极接法

#### 2. 数码管工作原理

数码管按发光二极管的连接方式不同，可分为共阴极数码管和共阳极数码管。共阴极数码管指将发光二极管的阴极连接在一起组成公共阴极 COM 接到地。当某一字段的发光二极管阳极为高电平时，相应字段的二极管就点亮，反之将二极管的阳极连接到低电平时，相应的字段就熄灭。共阳极数码管指将发光二极管的阳极连接在一起组成公共阳极 COM 接到 +5 V。当相应字段的阴极接低电平时，即可点亮相应的字段。如图 4 -1 -2 中 b、c 所示分别为共阴极数码管和共阳极数码管接法。

**3. 数码管的字形编码**

要使数码管显示出需要的字符，需要给相应的引脚提供显示该字段的编码（简称段码）电平。数码管字形显示段和段码位的对应关系见表 4-1-1，其中 $D_7 \sim D_0$ 是指数码管显示段接到单片机端口对应引脚。

**表 4-1-1　　数码管字形显示段和段码位对应关系**

| 段码位 | $D_7$ | $D_6$ | $D_5$ | $D_4$ | $D_3$ | $D_2$ | $D_1$ | $D_0$ |
|---|---|---|---|---|---|---|---|---|
| 显示段 | dp | g | f | e | d | c | b | a |

如使用共阳极数码管显示，数据 0 表示对应的字段发光二极管点亮，数据 1 表示对应的字段发光二极管熄灭；反之，使用共阴极数码管显示，数据 0 表示对应的字段发光二极管熄灭，数据 1 表示对应的字段发光二极管点亮。例如，共阳极数码管显示“0”，字形编码应为 11000000（即 C0H），如图 4-1-3 所示点亮字段发光二极管显示“0”；共阴极数码管显示“1”，字形编码应为 00000110B（即 06H）。数码管显示字形与对应段码的关系见表 4-1-2。

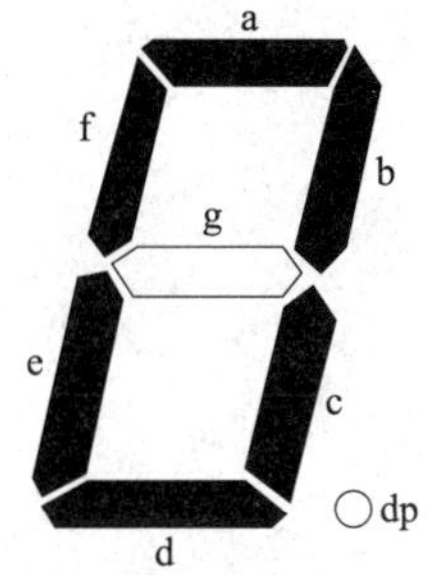


图 4-1-3　数码管显示“0”字符

**表 4-1-2　　数码管显示字形与对应段码的关系**

| 字形 | 共阳极 | 共阴极 | 字形 | 共阳极 | 共阴极 |
|---|---|---|---|---|---|
| 0 | C0H | 3FH | 9 | 90H | 6FH |
| 1 | F9H | 06H | A | 88H | 77H |
| 2 | A4H | 5BH | b | 83H | 7CH |
| 3 | B0H | 4FH | C | C6H | 39H |
| 4 | 99H | 66H | d | A1H | 5EH |
| 5 | 92H | 6DH | E | 86H | 79H |
| 6 | 82H | 7DH | F | 8EH | 71H |
| 7 | F8H | 07H | 熄灭 | FFH | 00H |
| 8 | 80H | 7FH | P | 8CH | 73H |

## 二、LED 数码管静态显示

### 1. 数码管的显示方式

LED 数码管有静态显示和动态显示两种显示方式。本任务主要介绍数码管的静态显示方式，有关动态显示的相关内容参见任务 2。

静态显示指数码管显示字符时，相应的发光二极管恒定点亮。单片机 I/O 口输出字符段码，数码管即显示出相应的字符并一直保持不变，直到 I/O 口输出新的段码。在静态显示方式下，每个 LED 数码管的段控制线是独立的，分别接到单片机的 8 位 I/O 口上，公共端 COM 连接到 +5 V 或地。静态显示方式具有电路结构简单、显示稳定、程序容易编写等优点，缺点是占用单片机的 I/O 口资源较多。

### 2. 数码管静态显示驱动电路

（1）单片机端口直接驱动电路

单片机端口直接驱动电路如图 4－1－4 所示，单片机的 I/O 口通过限流电阻与共阳数码管的引脚相连接。限流电阻的大小选择与发光二极管的限流电阻选择相同，一般为 220 Ω。

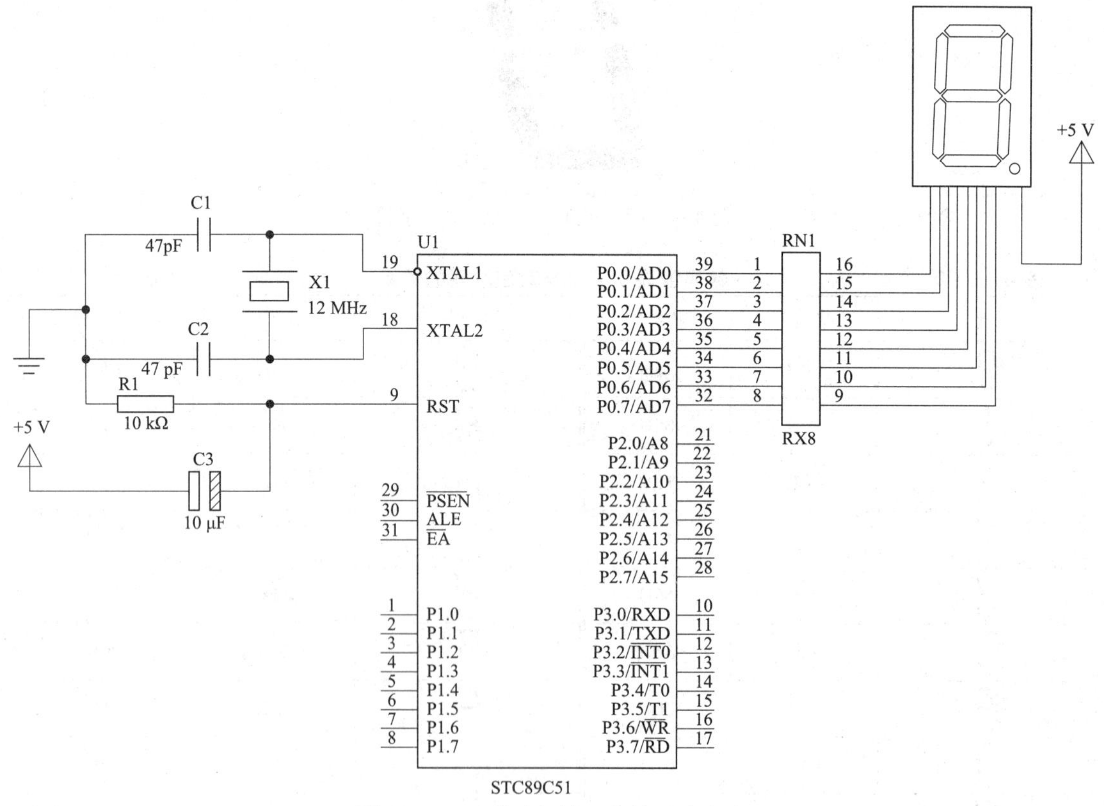


图 4－1－4　单片机端口直接驱动电路

（2）锁存器驱动电路

由于单片机 I/O 口驱动电流受到限制，采用直接驱动电路控制数码管显示时，会造成单片机功耗增加，负载过重，影响数码管显示亮度。为了克服直接驱动的缺陷，通过采用锁存器驱动电路间接增大数码管驱动电流，保证数码管显示亮度，降低单片机功耗，常用数码管驱动电路。如图 4－1－5 所示的锁存器驱动电路是单片机 I/O 口通过 74LS373 锁存器进行数据锁存，实现数码管静态显示。

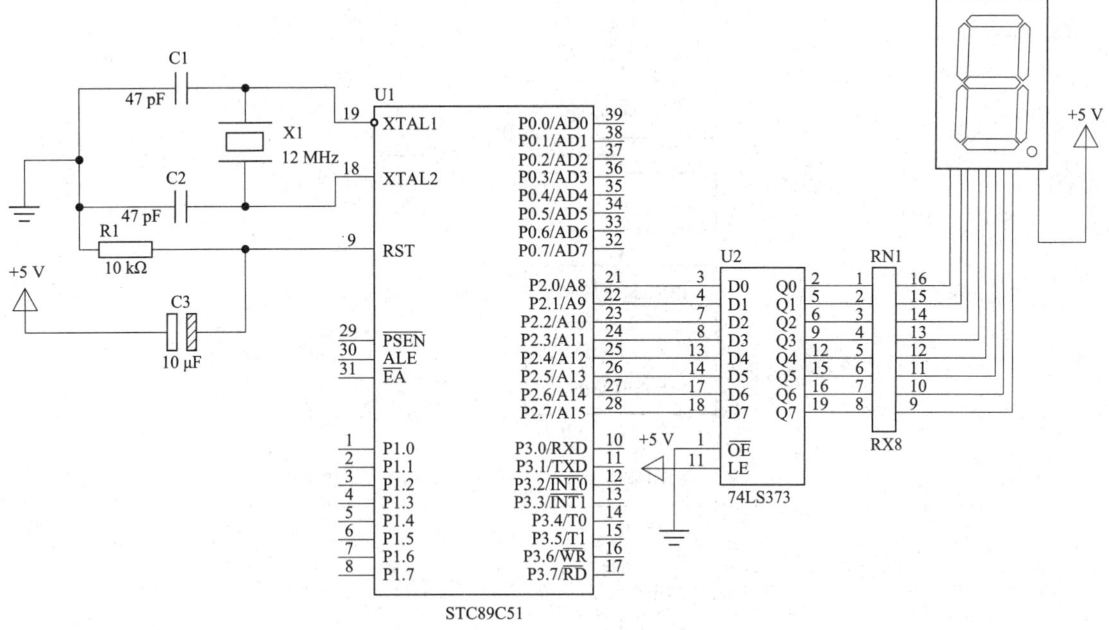


图 4－1－5　锁存器驱动电路

**3. 单片机驱动数码管静态显示编程示例**

如单片机直接驱动数码管，采用静态显示方式显示字符“1”，则编程如下所示：

```
;＊＊＊共阳极显示"1"＊＊＊＊＊
OGR 0030H
MOV  P0,#0F9H
END
```

## 任务实施

### 一、任务准备

准备安装有单片机开发软件的工作台、开发板，用户手册和学生用书。

### 二、0～9 数码管静态显示硬件电路设计

0～9 数码管静态显示硬件电路可参考图 4－1－5 锁存器驱动电路。

### 三、0~9 数码管静态显示程序设计

数码管的公共端连接到+5V，单片机通过查表输出0~9的共阳极段码数据，数码管通过静态方式每隔1s加1计数循环显示0~9。R1存储数码管计数值，如果R1数值在0~9内，查表通过P2口输出数码管的段码数据，否则将R1重新赋值为0。

**1. 程序设计流程图**

0~9数码管静态显示程序设计流程图如图4-1-6所示。

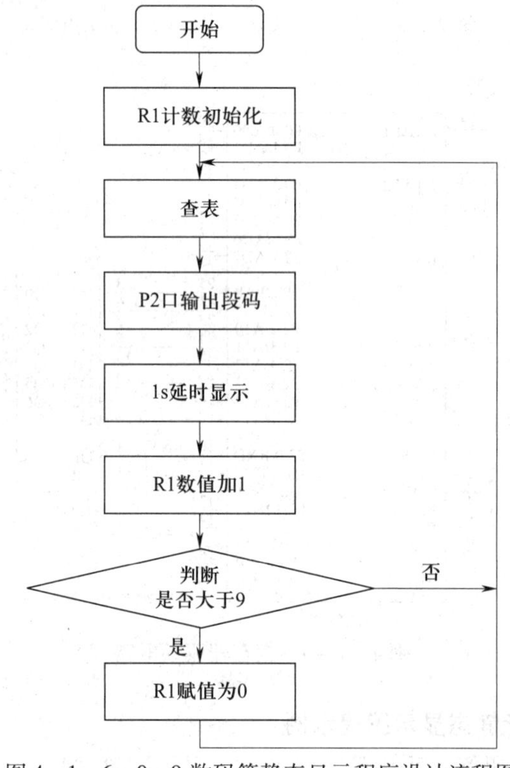


图4-1-6　0~9数码管静态显示程序设计流程图

**2. 参考程序**

0~9数码管静态显示参考程序如下：

```
        ORG  0000H
        LJMP  START          ;转 START
        ORG  0030H;
START:  MOV  R1,#0           ;初始化数码管显示数值变量
        MOV  DPTR,#TAB
LOOP:   MOV  A,R1
        MOVC  A,@ A + DPTR   ;查表
        MOV  P2,A            ;段码
```

```
          ACALL  DELAY1S
          INC R1
          CJNE  R1,#10,LOOP
          MOV  R1,#0
          AJMP  LOOP           ;循环
DELAY1S:  MOV  R5,#100         ;1s 延时子程序
D1:       MOV  R6,#20
D2:       MOV  R7,#248
          NOP
          DJNZ  R7,$
          DJNZ  R6,D2
          DJNZ  R5,D1
          RET
TAB:      DB  0C0H,0F9H,0A4H,0B0H,99H        ;0~4 数字段码
          DB  92H,82H,0F8H,80H,90H           ;5~9 数字段码
          END
```

**四、程序编译与仿真**

程序编写完成后，用 Keil 编译软件进行编译，生成 hex 文件。在 Proteus 仿真软件中按图 4-1-5 所示电路图绘制硬件电路，并将 hex 文件载入单片机中进行仿真运行，观察单片机运行结果，检验程序和电路设计是否达到设计的要求。图 4-1-7 所示为 0~9 数码管静态显示仿真效果图。

图 4-1-7　0~9 数码管静态显示仿真效果图

**五、开发板调试（选做）**

把 hex 文件用 ISP 软件下载到开发板，观察 0~9 数码管静态显示的效果是否正常，如不正常，检查原因，解决问题，直到显示效果与要求相符为止。

不同型号开发板的数码管驱动电路有所不同，请查阅资料，修改程序，在开发板上调试，直到数码管显示符合要求。

**六、填写学生用书**

按照要求完成学生用书的填写。

## 任务评价

根据任务考核评分表（见表 4-1-3）进行任务评价。

表 4-1-3 任务考核评分表

| 评价项目 | 评价标准 | 配分（分） | 自我评价 | 小组评价 | 教师评价 |
|---|---|---|---|---|---|
| 职业素养 | 安全意识、责任意识、服从意识强 | 5 | | | |
| | 积极参加教学活动，按时完成各项学习任务 | 5 | | | |
| | 团队合作意识强，善于与人交流和沟通 | 5 | | | |
| | 自觉遵守劳动纪律，尊敬师长，团结同学 | 5 | | | |
| | 爱护公物，节约材料，工作环境整洁 | 5 | | | |
| 专业能力 | 硬件电路绘制不正确，每错一处扣 3 分 | 15 | | | |
| | 指令格式应用错误，每错一处扣 3 分 | 15 | | | |
| | 程序编写不正确，每错一处扣 5 分 | 25 | | | |
| | 程序编译与仿真不符合任务要求，每项扣 5 分 | 20 | | | |
| 合计 | | 100 | | | |
| 总评分 | | 综合等级 | | 教师（签名） | |

注：学习任务评价采用自我评价、小组评价和教师评价三种方式，总评分 = 自我评价 ×20% + 小组评价 ×20% + 教师评价 ×60%，评价等级分为 A（90~100）、B（80~89）、C（70~79）、D（60~69）、E（0~59）五个等级。

## 任务 2 数码管动态显示

### 学习目标

1. 通过学习数码管动态显示原理，会复述数码管动态显示过程。
2. 会识读数码管驱动电路。
3. 能设计数码管锁存器驱动电路。
4. 会编写简单数码管动态显示程序。
5. 能与他人一起合作学习总结，并分享给其他人。

### 任务引入

机床设备仪表、计时器等显示界面通常会显示多位数字，往往需要多位数码管作为显示设备。本任务要求设计一个 4 位数码管显示器，用于计数显示。

由于本任务需要显示 4 个数字，需要用到 4 个数码管。为了节约成本，简化电路，可选用 4 位数码管（4 位连在一起），采用动态显示方式，利用人眼视觉暂留效应达到稳定不闪烁显示效果，如图 4-2-1 所示。为完成此任务，需学习数码管动态显示原理、电路连接方法和编程等相关知识。

图 4－2－1　数码管显示器

## 相关知识

### 一、数码管动态显示原理

数码管动态显示指将所有数码管的段码 a、b、c、d、e、f、g、dp 分别连接起来作为段选线，如图 4－2－2 所示。每个数码管的公共极 COM 作为位选控制端口。动态显示时，段选线上的字形码显示数据由数码管的位选端决定点亮哪一位数码管，单片机轮流控制位选端选通数码管，显示对应位置的字符。由于人眼的视觉暂留效应，人们看到的数码管动态显示为所有数码管都在同时显示不同的字符。在动态显示时，每位数码管稳定显示需要的时间约为 1 ms～2 ms。动态显示连接电路具有功耗低、占用单片机 I/O 口少等特点。

**【例】** 采用图 4－2－2 所示的共阴极数码管显示“12”。

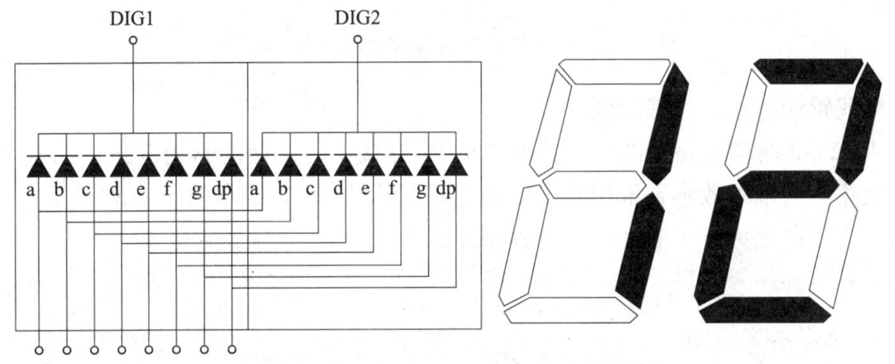


图 4－2－2　数码管动态显示连接及效果图

首先给段选端送入“1”的字形码，同时给 DIG1 数码管的 COM 端低电平选通该数码管，给 DIG2 数码管的 COM 端高电平，则“1”显示在 DIG1 数码管上。经过约 2 ms 的稳定显示时间后，再给段选端送入“2”的字形码，同时给 DIG2 数码管的 COM 端低电平选通该数码管，给 DIG1 数码管 COM 端高电平，则“2”显示在 DIG2 数码管上，再经过约 2 ms 的稳定显示时间。以此类推，不断循环选通点亮相应的数码管，人眼就会看到稳定显示在数码管上的“12”。

在数码管动态显示过程中，若进行位选切换时没有对上一位数码管显示的内容进行清空，则会导致当前数码管中出现上一位数码管内容的余影，从而使显示模糊，影响整个显示效果。为避免这种现象产生，在动态显示时可编写消隐程序清除余影。消隐程序的设计原理有两个：

1. 在数码管位选信号切换前，先向段选端传送“不亮”字形码，然后再进行位选切换和正常传递新段码。

2. 先禁止所有位选信号，将新段码传递后再进行新的位选。

## 二、数码管动态显示驱动电路

数码管动态显示具有节省I/O口的优点，但与静态显示方式相比，其亮度较低，因此单片机的动态显示需要配备合适的驱动电路。当数码管的段电流较小时，可以直接使用单片机端口直接驱动电路；当数码管公共端的电流较大时，需要外接驱动电路来提高数码管显示亮度，常采用锁存器驱动电路，如图4-2-3所示为2位数码管锁存器驱动电路框图，单片机输出的段码数据和位码数据通过74LS373锁存器驱动数码管。

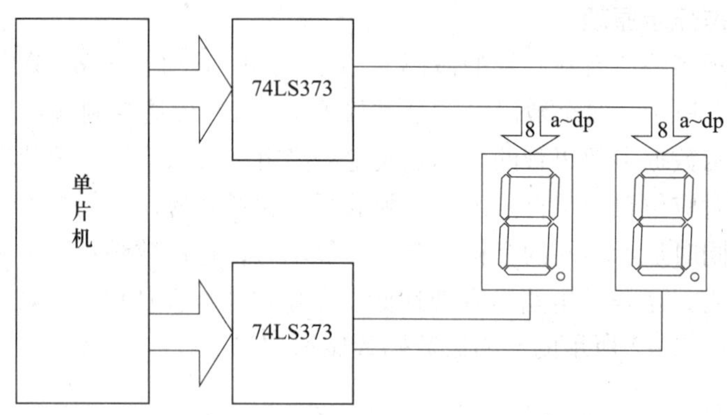


图4-2-3　2位数码管锁存器驱动电路框图

## 三、数码管动态显示编程示例

在图4-2-3驱动电路框图中，若单片机P1连接位码锁存器驱动电路，P2连接段码锁存器驱动电路，共阳极数码管采用动态扫描方式显示“12”。编程时，在动态显示过程中需添加消隐程序，以避免显示混乱。参考程序如下：

```
        ORG  0000H
        LJMP MAIN  ;转主程序
        ORG  0030H
MAIN:   MOV  R1,#1   ;需要显示的数字1
        MOV  R2,#2   ;需要显示的数字2
        MOV  DPTR,#TAB
LOOP:   MOV  A,R1   ;显示十位数据
        MOVC A,@ A + DPTR  ;查表
        MOV  P1,#00H  ;位码消隐
        MOV  P2,A   ;送十位的段码数据
        MOV  P1,#01H;选通十位数码管
        ACALL DELAY2ms   ;延时2ms
        MOV  A,R2     ;显示个位数据
        MOVC A,@ A + DPTR  ;查表
        MOV  P1,#00H;位码消隐
        MOV  P2,A     ;送个位的段码数据
```

```
          MOV  P1,#02H;选通个位数码管
          ACALL DELAY2ms     ;延时 2ms
          LJMP LOOP          ;循环
DELAY2ms: MOV  R5,#1       ;2ms 延时子程序
D1:       MOV  R6,#20
D2:       MOV  R7,#248
          NOP
          DJNZ  R7,$
          DJNZ  R6,D2
          DJNZ  R5,D1
          RET
TAB:      DB    0C0H,0F9H,0A4H,0B0H,99H;共阳极数码管 0 ~9 数字段码
          DB    92H,82H,0F8H,80H,90H
          END
```

**四、十进制权位分解**

数码管显示十进制数字中，需要对存储单元中数值按照“个、十、百”的十进制权位分解出来，再送到数码管显示。这通常要运用汇编语言中的除法运算“DIV AB”来完成。

除法指令：DIV AB

功能：两个 8 位无符号数相除，将被除数 A 中的 8 位无符号数除以除数 B 中的 8 位无符号数（A/B）。指令执行后，商存于 A，余数存于 B 中。如 13/5，其商是 2，余数是 3。除法运算后，商 2 放在 A 中，余数 3 放在 B 中，CY 和 OV 都是 0。如果除法前 B 中的值是 00H，也就是除数为 0，表明除法没有意义，OV = 1。

以 R0 中存放十进制数据 123 为例进行介绍如何分解十进制权位：

**1. 百位权位数字的分解**

要将十进制数据 123 的百位权位数字 1 分解出来，只要运用除法运算将 123 除以 100，所得商就是 1 放置在 A 中，余数 23 放置在 B 中。

```
MOV  A,  R0
MOV  B,  #100
DIV  AB
MOV  R1,  A
```

**2. 十位、个位权位数字的分解**

除百运算时产生的余数 23 含有十位权位数字 2 和个位数字 3，直接用除法指令除以 10 得到商 2 存放在 A 中，余数 3 存放在 B 中。

```
MOV  A,  B
MOV  B,  #10
MOV  AB
```

## 任务实施

### 一、任务准备

准备安装有单片机开发软件的工作台、开发板，用户手册和学生用书。

### 二、数码管动态显示硬件电路设计

数码管动态显示硬件电路如图 4－2－4 所示，采用 4 位共阳极数码管作为计数显示，采用 74LS373 锁存器驱动数码管电路，段码数据由 P0 口输出，P3 口作为位选控制，锁存器的使能端$\overline{\text{OE}}$接地，锁存端 LE 接 ＋5 V 电压，上电后直接工作，无需编程控制。

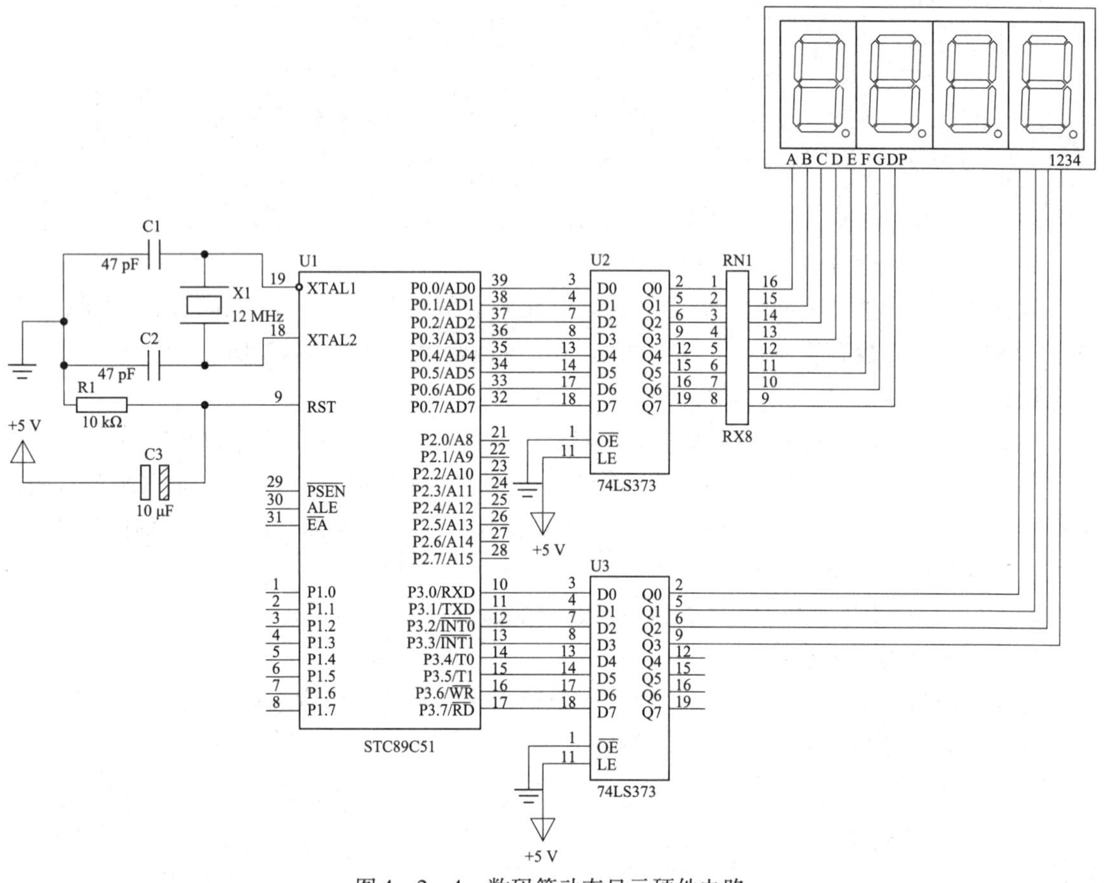


图 4－2－4　数码管动态显示硬件电路

### 三、数码管动态显示程序设计

为了节省单片机的 I/O 口和简化硬件电路结构，本任务采用动态方式进行 4 位数码管的数字显示，采用锁存器驱动电路，单片机通过 P0 口提供段码数据，P3 口的 P3.0～P3.3 引脚作为数码管的选通位，轮流点亮相应的数码管。在本任务中，先将要显示的 4 位数值分别存放在 R1 和 R2 中，然后用 DIV 除法指令分别取出千、百、十、个位，通过查表指令，将段码送 P0 口，数码管选通位码送 P3 口，延时 2 ms，使 4 位数码管轮流选通动态扫描显示。

### 1. 程序设计流程图

数码管动态显示程序设计流程图如图 4－2－5 所示。

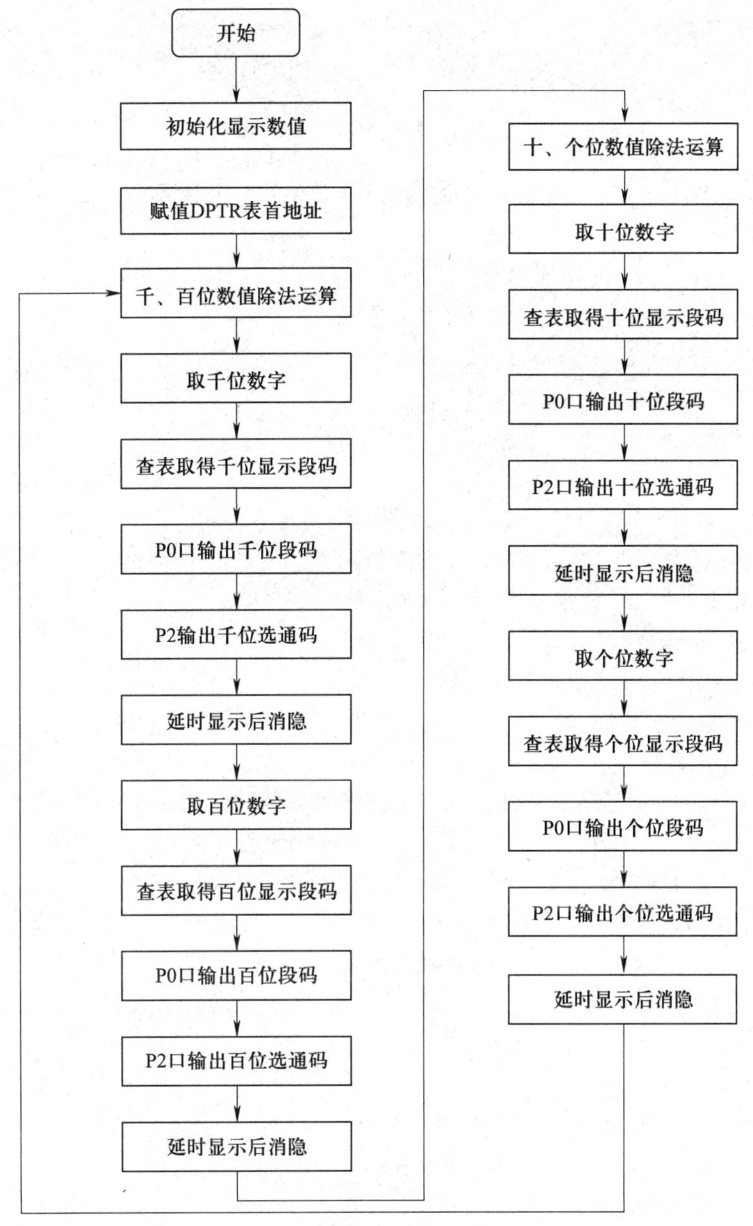


图 4－2－5　数码管动态显示程序设计流程图

### 2. 参考程序

数码管动态显示参考程序如下：

```
ORG  0000H
LJMP MAIN            ;转主程序
```

```
          ORG   0030H
MAIN:      MOV   R1,#12              ;需要显示的千、百位数字"12"
           MOV   R2,#34              ;需要显示的十、个位数字"34"
           MOV   DPTR,#TAB
LOOP:      MOV   B,#10
           MOV   A,R1
           DIV   AB                  ;除法运算,商为千位数字"1"存放A中
                                     ;余数为百位数字"2"存放在B中
           MOVC  A,@ A + DPTR        ;查表,取千位段码
           MOV   P0,A                ;显示千位数字
           MOV   P3,#01H             ;选通千位数码管
           ACALL DELAY2ms            ;延时
           MOV   P3,#00H             ;位消隐
           MOV   A,B
           MOVC A,@ A + DPTR         ;查表,取百位段码
           MOV   P0,A                ;显示百位数字
           MOV   P3,#02H             ;选通百位数码管
           ACALL DELAY2ms            ;延时2ms
           MOV   P3,#00H             ;位消隐
           MOV   A,R2
           MOV   B,#10
           DIV   AB                  ;除法运算,商为十位数字"3"存放A中
                                     ;余数为个位数字"4"存放在B中
           MOVC A,@ A + DPTR         ;查表,取十位段码
           MOV   P0,A                ;显示十位数字
           MOV   P3,#04H             ;选十位通数码管
           ACALL DELAY2ms            ;延时2ms
           MOV P3,#00H               ;位消隐
           MOV   A,B
           MOVC A,@ A + DPTR         ;查表,取个位段码
           MOV   P0,A                ;显示个位数字
           MOV   P3,#08H             ;选通个位数码管
           ACALL DELAY2ms            ;延时2ms
           MOV   P3,#00H             ;位消隐
           LJMP LOOP                 ;循环
DELAY2ms:  MOV   R5,#1               ;2ms延时子程序
D1:        MOV   R6,#20
D2:        MOV   R7,#248
```

```
        NOP
        DJNZ  R7,$
        DJNZ  R6,D2
        DJNZ  R5,D1
        RET
TAB:    DB    0C0H,0F9H,0A4H,0B0H,99H;共阳极数码管 0～9 数字段码
        DB    92H,82H,0F8H,80H,90H
        END
```

**四、程序编译与仿真**

程序编写完成后，用 Keil 编译软件进行编译，生成 hex 文件。在 Proteus 仿真软件中按图 4－2－4 所示电路图绘制硬件电路，并将 hex 文件载入单片机中进行仿真运行，观察单片机运行结果，检验程序和电路设计是否达到设计的要求。图 4－2－6 所示为数码管动态显示仿真效果图。

图 4－2－6　数码管动态显示仿真效果图

**五、开发板调试（选做）**

把 hex 文件用 ISP 软件下载到开发板，观察数码管动态显示的效果是否正常，如不正常，检查原因，解决问题，直到显示效果与要求相符为止。

不同型号开发板的数码管驱动电路有所不同，请查阅资料，修改程序，在开发板上调试，直到数码管显示符合要求。

**六、填写学生用书**

按照要求完成学生用书的填写。

## 任务评价

根据任务考核评分表（见表 4－2－1）进行任务评价。

**表 4－2－1　任务考核评分表**

| 评价项目 | 评价标准 | 配分（分） | 自我评价 | 小组评价 | 教师评价 |
|---|---|---|---|---|---|
| 职业素养 | 安全意识、责任意识、服从意识强 | 5 | | | |
| | 积极参加教学活动，按时完成各项学习任务 | 5 | | | |
| | 团队合作意识强，善于与人交流和沟通 | 5 | | | |
| | 自觉遵守劳动纪律，尊敬师长，团结同学 | 5 | | | |
| | 爱护公物，节约材料，工作环境整洁 | 5 | | | |

续表

| 评价项目 | 评价标准 | | | | 配分（分） | 自我评价 | 小组评价 | 教师评价 |
|---|---|---|---|---|---|---|---|---|
| 专业能力 | 硬件电路绘制不正确，每错一处扣 3 分 | | | | 15 | | | |
| | 指令格式应用错误，每错一处扣 3 分 | | | | 15 | | | |
| | 程序编写不正确，每错一处扣 5 分 | | | | 25 | | | |
| | 程序编译与仿真不符合任务要求，每项扣 5 分 | | | | 20 | | | |
| 合计 | | | | | 100 | | | |
| 总评分 | | 综合等级 | | 教师（签名） | | | | |

注：学习任务评价采用自我评价、小组评价和教师评价三种方式，总评分 = 自我评价 ×20% + 小组评价 ×20% + 教师评价 ×60%，评价等级分为 A（90～100）、B（80～89）、C（70～79）、D（60～69）、E（0～59）五个等级。

# 项目五 中断控制应用

单片机控制系统在实际应用时，通常会出现一些突发情况，需要单片机暂时停止执行当前任务程序，优先去处理解决突发任务，处理完成后再回到任务执行程序。如工厂中运行的机电设备在特殊情况下需要停止运行，可以采用单片机内部中断功能来实现，第一时间停止电动机运行。

## 任务 直流电动机控制

### 学习目标

1. 能理解中断的概念和功能。
2. 能理解单片机中断系统的结构和控制方式。
3. 能理解中断响应过程。
4. 会编写外部中断服务函数。
5. 能通过中断相关知识设计单片机控制电动机电路。
6. 会编写单片机控制电动机运行程序。

### 任务引入

本任务要设计一个直流电动机控制系统，实现直流电动机正反转及停止控制。要求选用合适的单片机、直流电动机和开关，用单片机开发软件绘制单片机控制直流电动机电路图，提交编写源代码，并用软件进行仿真。

直流电动机停止运行需要快速反馈控制，为完成此任务，需要学习 MCS－51 系列单片机的中断控制和中断服务程序编程等知识。

### 相关知识

**一、中断系统**

**1. 中断的概念**

当单片机 CPU 正在处理某事件时，外界发出紧急事件请求，要求单片机 CPU 暂停当前

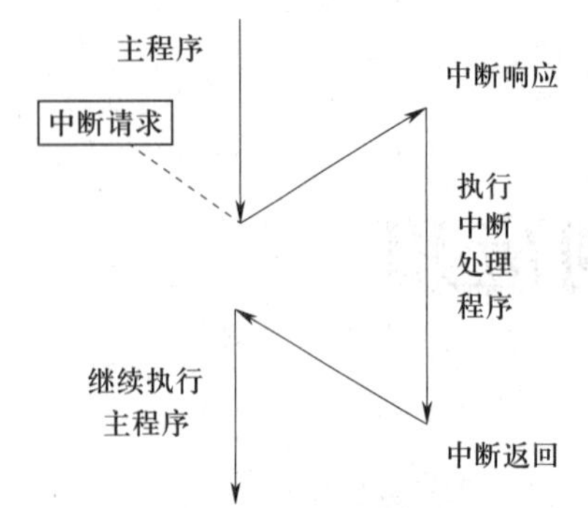

图 5－1－1　单片机 CPU 中断事件的过程

事件，转去处理紧急事件，处理完成后再回到原来事件被中断的地方继续执行，该过程被称为中断。

单片机 CPU 中断事件的过程如图 5－1－1 所示。

**2. 中断的功能**

单片机程序应用中使用中断，能有效提高单片机系统的工作效率和处理事件的实时性。单片机中断主要有以下几个功能：

（1）多任务分时处理功能

在多任务时使用定时器中断可以进行任务调度，同时处理多个任务事件，缩短单片机 CPU 的等待时间，提高工作效率。

（2）事件实时处理功能

在实时监控生产中，常需要及时处理外部设备请求事件，利用单片机中断系统及时响应外部设备请求事件进而对事件进行处理，可实现事件的实时处理。

（3）故障及时处理功能

单片机在处理正常事件时常会出现突发故障事件，利用单片机中断系统根据请求暂时中断正在执行的事件，去响应突发故障事件，可实现故障事件的及时处理。

**3. 中断源**

MCS－51 系列单片机有 3 类中断：外部中断、定时器中断和串口中断。单片机 CPU 中断请求源称为中断源，单片机中断源对应引脚如图 5－1－2 所示。MCS－51 系列单片机通常包含 5 个中断源，它们分别为外部中断 0（$\overline{\text{INT0}}$）、定时器 0 中断、外部中断 1（$\overline{\text{INT1}}$）、定时器 1 中断和串口（UART）中断。中断号及中断源入口地址见表 5－1－1。

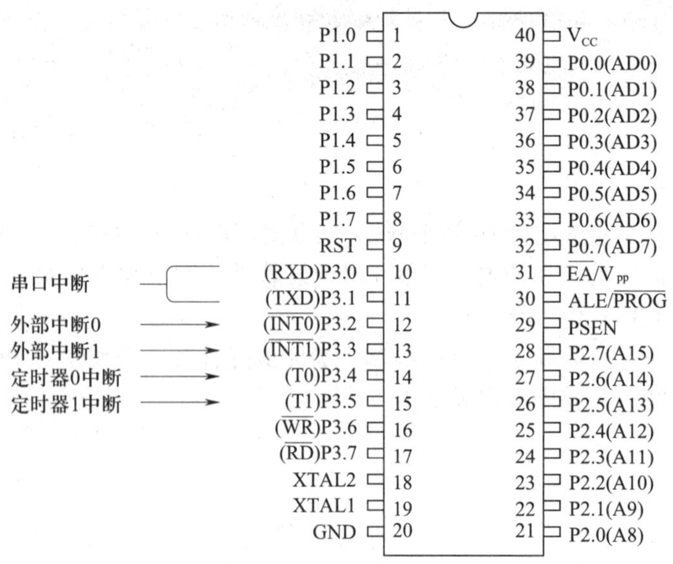

图 5－1－2　单片机中断源对应引脚

表 5-1-1 中断号及中断源入口地址

| 中断源 | 中断入口地址 | 中断标志 | 中断号 | 中断优先级 |
|---|---|---|---|---|
| 外部中断 0（$\overline{INT0}$） | 0003H | IE0 | 0 | 高 |
| 定时器 0 中断（T0） | 000BH | TF0 | 1 | ↓ |
| 外部中断 1（$\overline{INT1}$） | 0013H | IE1 | 2 | ↓ |
| 定时器 1 中断（T1） | 001BH | TF1 | 3 | ↓ |
| 串口中断 | 0023H | TI、RI | 4 | 低 |

$\overline{INT0}$——外部中断 0，由 P3.2 端口线引入，由低电平或下降沿触发。

$\overline{INT1}$——外部中断 1，由 P3.3 端口线引入，由低电平或下降沿触发。

T0——定时器/计数器 T0 中断，由 T0 计数器计满回零触发。

T1——定时器/计数器 T1 中断，由 T1 计数器计满回零触发。

TI/RI——串口中断，串口完成一帧字符发送/接收后触发。

## 二、中断控制相关寄存器

中断的开启与关闭、设置启用哪一个中断源等都是由单片机内部的一些特殊功能寄存器决定的，常用特殊功能寄存器如下：

### 1. 中断允许寄存器 IE

用于控制单片机 CPU 总中断和各个对应中断的许可。IE 地址为 A8H，可进行位寻址。IE 寄存器位定义见表 5-1-2。

表 5-1-2 IE 寄存器位定义

| 位地址 | AFH | AEH | ADH | ACH | ABH | AAH | A9H | A8H |
|---|---|---|---|---|---|---|---|---|
| 位定义 | EA | — | — | ES | ET1 | EX1 | ET0 | EX0 |

EA：单片机 CPU 中断总控制位。当 EA=0 时，禁止所有中断，CPU 不再响应任何中断请求。当 EA=1 时，开放所有中断，但 CPU 是否响应相应的中断，还需要看相应的中断源位是否允许。EA 的作用是使中断允许形成两级控制，即首先 EA 总中断控制，其次还受各中断源的允许位控制。

ES：串口中断允许位。当 ES=0 时，禁止串行接口中断。当 ES=1 时，允许串行接口中断；

ET1：定时/计数器 T1 的溢出中断允许位。当 ET1=0 时，禁止 T1 中断；当 ET1=1 时，允许 T1 中断。

EX1：外部中断 1（$\overline{INT1}$）的允许位。当 EX1=0 时，禁止外部中断 1 中断；当 EX1=1 时，允许外部中断 1 中断。

ET0：定时/计数器 T0 的溢出中断允许位。当 ET0=0 时，禁止 T0 中断；当 ET0=1 时，允许 T0 中断。

EX0：外部中断 0（$\overline{INT0}$）的允许位。当 EX0=0 时，禁止外部中断 0 中断；当 EX0=1 时，允许外部中断 0 中断。

### 2. 定时/计数器控制寄存器 TCON

TCON 为定时/计数器 T0、T1 的控制寄存器，可用于控制定时/计数器 T0、T1 的溢出中断请求、外部中断0、外部中断1的请求。TCON可进行位寻址，字节地址为88H。TCON定时/计数器控制寄存器位定义见表5－1－3。本任务主要介绍外部中断部分相关位定义，即IE1、IT1、IE0、IT0，其他部分位定义将在后续任务中介绍。

**表5－1－3　　TCON定时/计数器控制寄存器位定义**

| 位地址 | 8FH | 8EH | 8DH | 8CH | 8BH | 8AH | 89H | 88H |
|---|---|---|---|---|---|---|---|---|
| 位定义 | TF1 | TR1 | TF0 | TR0 | IE1 | IT1 | IE0 | IT0 |

IE1：外部中断1请求标志位。当外部中断向CPU请求中断时，IE1由硬件置1；当CPU响应该中断时，IE1由硬件自动清零。

IT1：外部中断1中断触发类型选择位。当IT1＝0时，$\overline{INT1}$/P3.3引脚上的中断触发方式为低电平触发；当IT1＝1时，$\overline{INT1}$/P3.3引脚上的中断触发方式为下降沿触发。

IE0：外部中断0请求标志位。当外部中断向CPU请求中断时，IE0由硬件置1；当CPU响应该中断时，IE0由硬件自动清零。

IT0：外部中断0中断触发类型选择位。当IT0＝0时，$\overline{INT0}$/P3.2引脚上的中断触发方式为低电平触发；当IT0＝1时，$\overline{INT0}$/P3.2引脚上的中断触发方式为下降沿触发。

**3. 中断优先级寄存器IP**

寄存器IP用于确定每个中断源的优先级别。寄存器IP的字节地址为B8H，可进行位寻址。中断优先级寄存器IP位定义见表5－1－4。

**表5－1－4　　中断优先级寄存器IP位定义**

| 位地址 | BFH | BEH | BDH | BCH | BBH | BAH | B9H | B8H |
|---|---|---|---|---|---|---|---|---|
| 位定义 | — | — | — | PS | PT1 | PX1 | PT0 | PX0 |

PS：串口中断优先级设定位。当PS＝1时，设置串口中断为最高优先级。

PT1：定时/计数器1中断优先级设定位。当PT1＝1时，设置定时/计数器1中断为最高优先级。

PX1：外部中断1中断优先级设定位。当PX1＝1时，设置外部中断1中断为最高优先级。

PT0：定时/计数器0中断优先级设定位。当PT0＝1时，设置定时/计数器0中断为最高优先级。

PX0：外部中断0中断优先级设定位。当PX0＝1时，设置外部中断0中断为最高优先级。

MCS－51系列单片机具有两个中断优先级：高优先级和低优先级。单片机复位后中断优先级寄存器IP默认值为0，所有中断都处于低优先级。如果有多个中断源同时向单片机CPU提出中断请求，CPU硬件中断响应次序按表5－1－1所列自然优先级顺序从高优先级到低优先级执行。如果将相应中断源的优先级设定位设置为1，则可将该中断源设置为最高优先级。例如，将外部中断1设置为中断最高优先级，只需配置PX1＝1即可。中断嵌套示意图如图5－1－3所示。

中断优先级处理基本规则：

（1）低优先级中断可以被高优先级的中断所嵌套中断，反之不能。

（2）任何一种中断不能被它同级中断所嵌套中断。

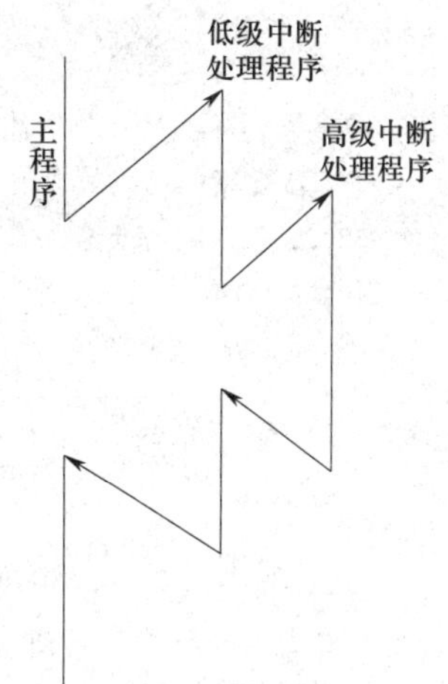


图5－1－3　中断嵌套示意图

**三、中断响应过程**

中断响应过程主要有以下几个步骤：

**1. 中断请求**

当中断源需要中断服务时，首先将中断请求标志位置1。

**2. 中断响应**

CPU查询到有效中断请求标志置1，若总中断EA＝1和对应的中断源允许位打开，CPU就会响应该中断请求。CPU在响应中断服务前，将当前程序计数器PC的内容入栈，以备返回，同时将中断矢量入口地址装载到程序计数器PC中，并通过入口地址的长跳转指令转向执行响应的中断服务程序。一般在中断源入口地址处放置“LJMP addressH”指令跳转至指定的中断服务程序，在addressH单元中实现中断服务程序。

**3. 中断返回**

当CPU完成中断服务程序后，执行最后一条指令“RETI”时，CPU从堆栈取回原先存入断点的地址送入PC中，并恢复原来的中断设置，CPU返回到原来被中断的地方继续执行程序。

**四、中断服务程序**

**1. 中断服务程序初始化步骤**

（1）设置中断优先级寄存器IP，分配中断源的优先级。

（2）设置中断方式。如果是外部中断，设置IT1、IT0位，确定是低电平触发还是下降沿触发中断。

（3）设置中断允许寄存器IE，打开相应的中断允许位。

**2. 中断服务程序编写要点**

（1）打开中断和关闭中断。

（2）中断处理。

（3）中断返回。

**3. 中断服务初始化程序示例**

例如，设置中断源$\overline{\text{INT1}}$为下降沿触发，且为中断最高优先级，INT_1为中断服务程序。中断服务初始化程序示例如下：

```
        ORG     0000H
        LJMP    MAIN        ;转向开始主程序
        ORG     0013H       ;外部中断1入口地址
        LJMP    INT_1       ;转向中断服务程序
        ORG     0100H       ;主程序
```

```
MAIN:MOV  SP,#7FH
     SETB  PX1  ;设置外部中断1为中断最高优先级
     SETB  IT1  ;设置外部中断1为下降沿触发
     SETB  EX1  ;开启外部中断1中断
     SETB  EA   ;开启总中断
     ……
     ……
INT_1:          ;外部中断服务程序
     ……
     ……
     RETI       ;中断返回
```

## 任务实施

### 一、任务准备

准备安装有单片机开发软件的工作台、开发板，用户手册和学生用书。

### 二、直流电动机控制硬件电路设计

直流电动机控制硬件电路如图5－1－4所示。本电路通过单片机实现电动机正转、反转和停止控制功能，电动机运行状态通过S1正转、S2反转和S3停止三个开关进行控制，当

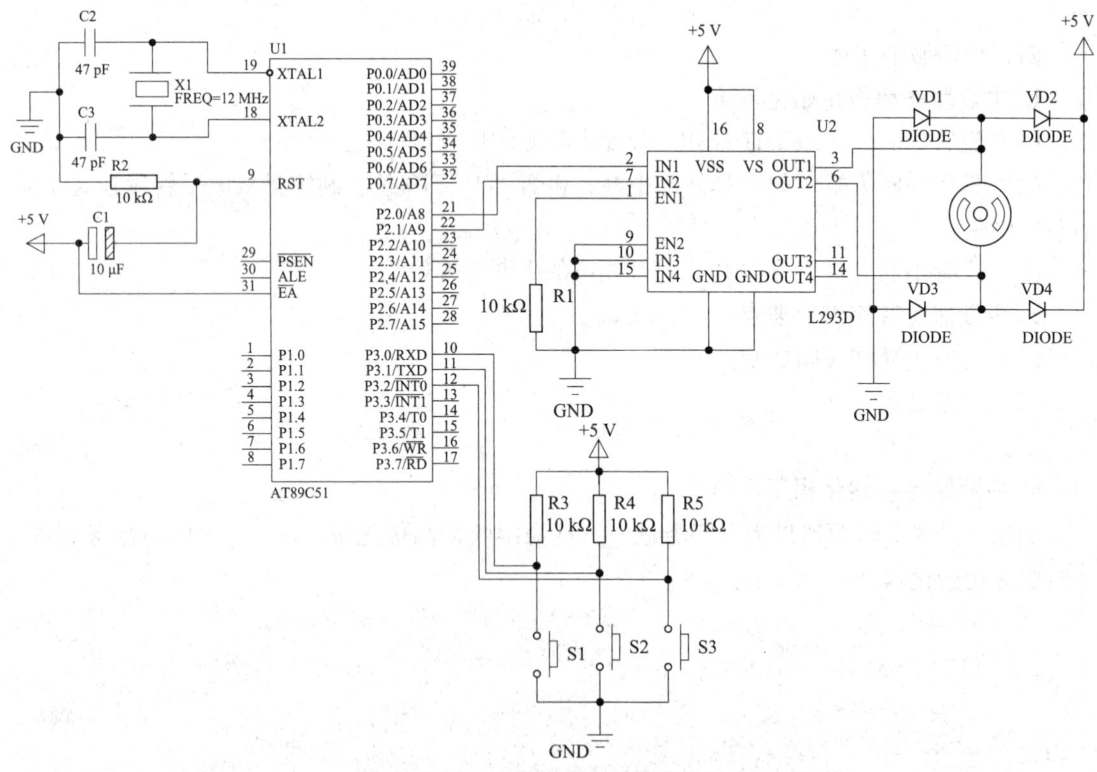

图5－1－4　直流电动机控制硬件电路

S1 按下时，电动机正转；当 S2 按下时，电动机反转；S3 与外部中断$\overline{\text{INT0}}$相接，当 S3 按下时，电动机立即切断停转。

## 三、直流电动机控制程序流程图设计

### 1. 程序设计思路

本任务利用单片机的中断功能实时检测 S3 的触发输入信号，设置单片机为下降沿触发。程序执行分为两部分，主程序部分和中断服务程序部分，其中主程序部分处理直流电动机正、反转操作，中断服务程序部分对直流电动机进行停止处理。

### 2. 程序设计流程图

直流电动机控制程序设计流程图如图 5－1－5 所示。

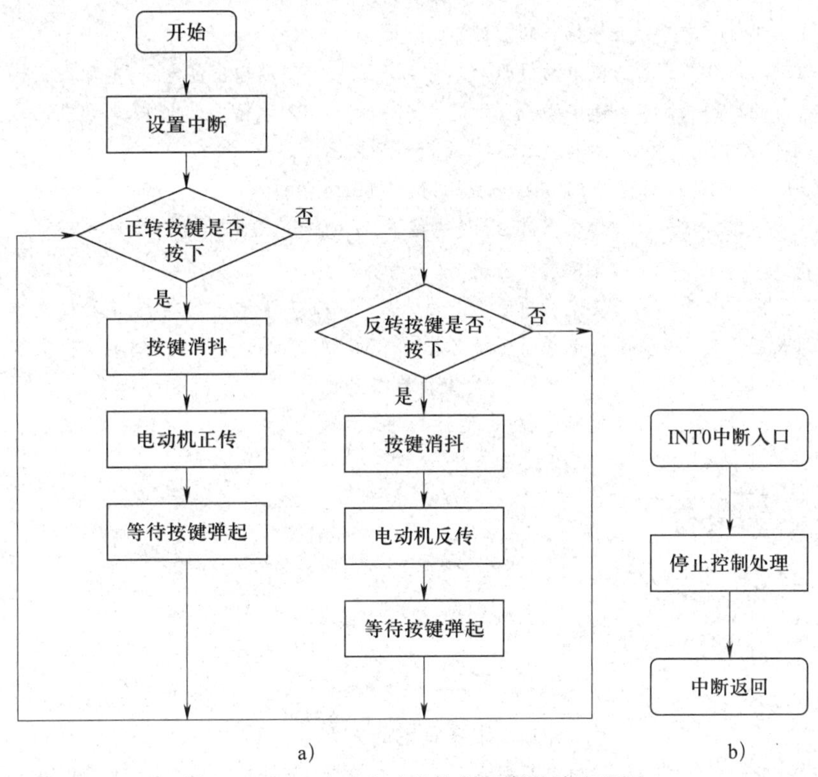


图 5－1－5　直流电动机控制程序设计流程图

a）主程序流程图　b）中断服务程序流程图

### 3. 直流电动机控制参考程序

直流电动机控制程序参考源程序如下：

```
        ORG    0000H          ;指定 LJMP MAIN 指令存放的单元
                              ;是由 0000H 开始的地址
        LJMP   MAIN           ;转向开始主程序
        ORG    0003H          ;外部中断 0 入口地址
        LJMP   TING           ;转向中断服务程序
        ORG    0100H          ;主程序
```

```
MAIN:   SETB  IT0          ;设置外部中断 0 为下降沿触发
        SETB  EX0          ;开启外部中断 0 中断
        SETB  EA           ;开启总中断
KEY:    JNB P3.0,ZZ        ;当正转按键 S1 按下时,即 P3.0 引脚为低电平,
                           ;此时程序跳转至正转 ZZ 标号处
        JNB P3.1,FZ        ;当反转按键 S2 按下时,即 P3.1 引脚为低电平,
                           ;此时程序跳转至反转 FZ 标号处
        LJMP  KEY          ;如果没有按键按下,则跳转至 KEY 处重新检测
ZZ:     LCALL  DELAY       ;调用 DELAY 子程序,延时 10ms 消抖
        JB   P3.0,KEY      ;如果按键 S1 没有按下,则跳转至 KEY 处重新检测
        JNB  P3.0, $       ;等待正转按键 S1 松开
        SETBP  2.0         ;使电动机驱动芯片 L293D OUT1 端输出高电平,电动机正转
        CLR   P2.1         ;使电动机驱动芯片 L293D OUT2 端输出低电平,电动机正转
        LJMP  KEY          ;跳转至 KEY 处重新检测按键
FZ:     LCALL  DELAY     ;调用 DELAY 子程序,延时 10ms 消抖
        JB   P3.1,KEY      ;如果按键 S2 没有按下,则跳转至 KEY 处重新检测
        JNB  P3.1, $       ;等待反转按键 S2 松开
        CLR  P2.0          ;使电动机驱动芯片 L293D OUT1 端输出高电平,电动机反转
        SETB  P2.1         ;使电动机驱动芯片 L293D OUT2 端输出低电平,电动机反转
        LJMP  KEY          ;跳转至 KEY 处重新检测按键
DELAY:  MOV  R5,#10        ;延时子程序,延时 10ms
D1:     MOV  R6,#2
D2:     MOV  R7,#248
        NOP
        DJNZ  R7, $
        DJNZ  R6,D2
        DJNZ  R5,D1
        RET
TING:                      ;外部中断 0 服务程序
        CLR  P2.0          ;使电动机驱动芯片 L293D OUT1 端输出低电平,电动机停止
        CLR  P2.1          ;使电动机驱动芯片 L293D OUT2 端输出低电平,电动机停止
        RETI               ;中断服务程序返回
        END                ;程序结束
```

**四、程序编译与仿真**

程序编写完成后，用 Keil 编译软件进行编译生成 hex 文件。在 Proteus 仿真软件中按图 5－1－4 所示电路图绘制硬件电路，并将 hex 文件载入单片机中进行仿真运行，观察单片机运行结果，检验程序和电路设计是否达到设计的要求。当正转按键按下时，电动机正转；当反转按键按下时，电动机反转；当停止按键按下时，电动机立即切断停转。图 5－1－6 所示为直流电动机控制运行仿真电路图。

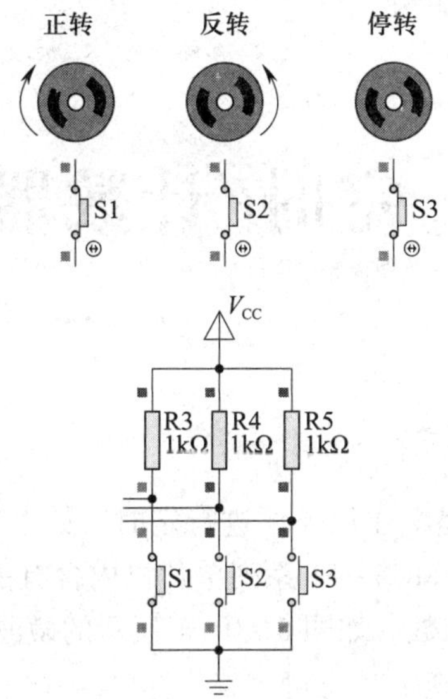


图 5-1-6　直流电动机控制运行仿真电路图

### 五、填写学生用书

按照要求完成学生用书的填写。

## 任务评价

根据任务考核评分表（见表 5-1-5）进行任务评价。

表 5-1-5　　任务考核评分表

| 评价项目 | 评价标准 | 配分（分） | 自我评价 | 小组评价 | 教师评价 |
|---|---|---|---|---|---|
| 职业素养 | 安全意识、责任意识、服从意识强 | 5 | | | |
| | 积极参加教学活动，按时完成各项学习任务 | 5 | | | |
| | 团队合作意识强，善于与人交流和沟通 | 5 | | | |
| | 自觉遵守劳动纪律，尊敬师长，团结同学 | 5 | | | |
| | 爱护公物，节约材料，工作环境整洁 | 5 | | | |
| 专业能力 | 硬件电路绘制不正确，每错一处扣 3 分 | 15 | | | |
| | 指令格式应用错误，每错一处扣 3 分 | 15 | | | |
| | 程序编写不正确，每错一处扣 5 分 | 25 | | | |
| | 程序编译与仿真不符合任务要求，每项扣 5 分 | 20 | | | |
| 合计 | | 100 | | | |
| 总评分 | | 综合等级 | | 教师（签名） | |

注：学习任务评价采用自我评价、小组评价和教师评价三种方式，总评分 = 自我评价 ×20% + 小组评价 ×20% + 教师评价 ×60%，评价等级分为 A（90 ~ 100）、B（80 ~ 89）、C（70 ~ 79）、D（60 ~ 69）、E（0 ~ 59）五个等级。

# 项目六　定时/计数器应用

在日常生活和工业生产过程中往往需要进行定时，如电饭锅定时煮饭、洗衣机定时洗衣、自动化生产线时间控制等。MCS-51 系列单片机内含有的可编程定时/计数器，可以独立进行定时和对输入脉冲进行计数。如图 6-0-1 所示的微波炉定时器控制板就是利用单片机内含的可编程定时/计数器实现定时控制。

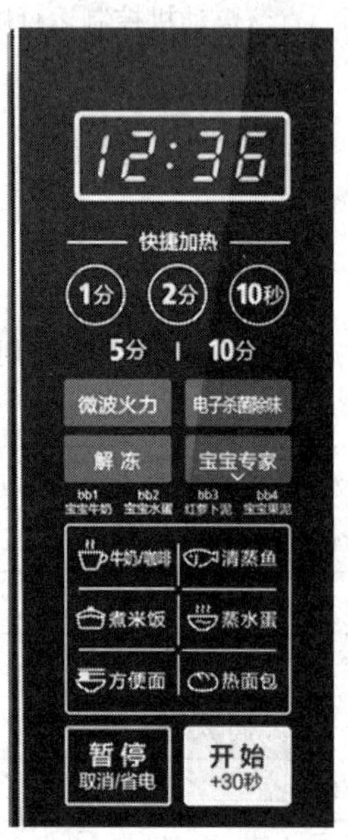


图 6-0-1　微波炉定时器控制板

## 任务 1　提示音发生器设计

### 学习目标

1. 认识 MCS-51 系列单片机定时/计数器的结构和工作原理。

2. 熟记定时/计数器控制寄存器 TCON 的设置方法。
3. 熟记定时/计数器工作方式寄存器 TMOD 的设置方法。
4. 熟记定时/计数器的工作方式。
5. 能完成定时/计数器定时、计数初值的计算和设定。
6. 能理解定时/计数器中断控制方式。
7. 会运用单片机定时器设计提示音发生器并编写程序。

## 任务引入

方波信号是一种常见的电信号，常应用于通信和控制电路中。方波信号只有高电平和低电平两个值，图 6－1－1 所示为 1 kHz 方波信号。机床报警器、提示音发生器、报警器闪烁控制和电动机控制设备等都需要用方波来作为控制信号。现某工厂机床设备需要设计一个提示音发生器，用于提示加工任务执行完成，要求选用合适的单片机和蜂鸣器，实现 1 kHz 提示音功能。

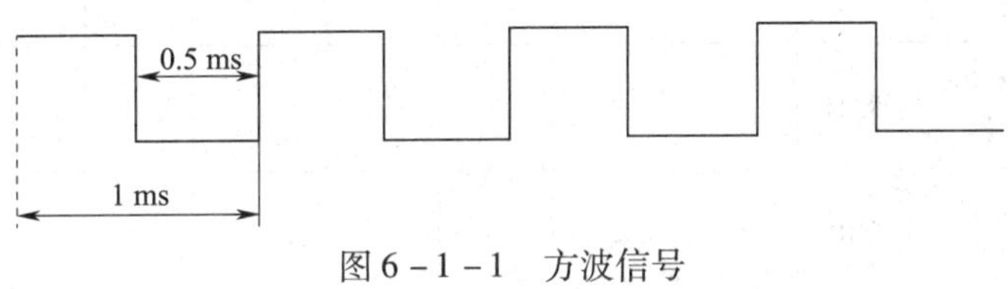


图 6－1－1　方波信号

## 相关知识

### 一、定时/计数器结构

MCS－51 系列单片机内部包含有两个 16 位定时/计数器 T0 和 T1，分别由两个独立的 8 位专用寄存器组成，即 T0 由高 8 位 TH0、低 8 位 TL0 寄存器组成，T1 由高 8 位 TH1、低 8 位 TL1 寄存器组成。定时/计数器可作为定时器和计数使用。从图 6－1－2 中可以看出，定时/计数器主要由 TCON、TMOD、TH1、TL1、TH0、TL0 寄存器组成。TCON 寄存器中的 TR0、TR1 位负责定时/计数器 T0、T1 的启动计数和停止计数。TMOD 寄存器用于进行定时或计数功能选择、启动方式选择及工作方式选择。TH1、TL1 和 TH0、TL0 寄存器分别存放 T1 和 T0 计数的初始值。

MCS－51 系列单片机的定时/计数器的主要核心部件就是计数器，无论作为定时功能还是计数功能，其本质都是对脉冲进行计数，只是计数脉冲来源不同。脉冲信号的来源可通过 TMOD 寄存器的 $C/\overline{T}$ 控制位进行选择。

### 二、定时/计数器控制

单片机的定时/计数器的功能由 TMOD 和 TCON 寄存器设定，通过设定这两个寄存器即可以实现不同的功能。表 6－1－1 为定时/计数器相关特殊寄存器的地址、位地址符号及复位值。

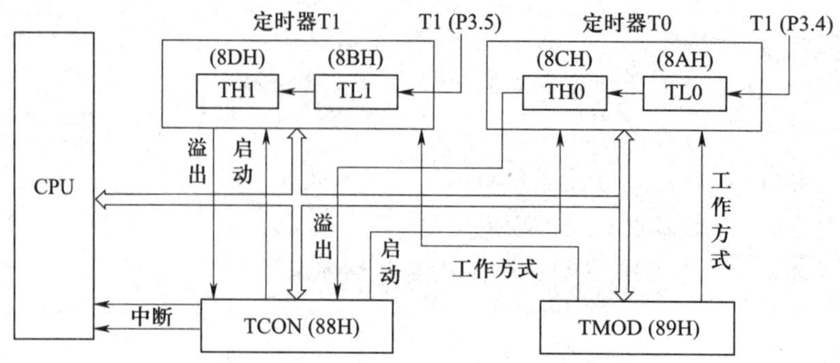


图 6－1－2　定时/计数器寄存器结构图

表 6－1－1　　定时/计数器控制寄存器

| 符号 | 描述 | 地址 | 位地址符号 | | | | | | | | 复位值 |
|---|---|---|---|---|---|---|---|---|---|---|---|
| TCON | 定时/计数器控制寄存器 | 88H | TF1 | TR1 | TF0 | TR0 | IE1 | IT1 | IE0 | IT0 | 0000 0000B |
| TMOD | 定时/计数器模式寄存器 | 89H | GATE | $C/\overline{T}$ | M1 | M0 | GATE | $C/\overline{T}$ | M1 | M0 | 0000 0000B |
| TL0 | 定时/计数器 T0 低 8 位寄存器 | 8AH | | | | | | | | | 0000 0000B |
| TL1 | 定时/计数器 T1 低 8 位寄存器 | 8BH | | | | | | | | | 0000 0000B |
| TH0 | 定时/计数器 T0 高 8 位寄存器 | 8CH | | | | | | | | | 0000 0000B |
| TH1 | 定时/计数器 T1 高 8 位寄存器 | 8DH | | | | | | | | | 0000 0000B |

**1. 定时/计数器的控制寄存器 TCON**

定时/计数器的控制寄存器 TCON 为一个 8 位的可位寻址寄存器，用于控制定时/计数器 T0、T1 的启动和停止，同时控制定时器中断溢出标志位及外部中断源的中断请求标志位。TCON 寄存器格式如图 6－1－3 所示。

TF1：定时/计数器 T1 溢出标志位。T1 被允许计数后，TH1 和 TL1 数值寄存器从初始值开始加 1 计数，直到最高位产生计数溢出时 TF1 标志位置 1，向 CPU 请求中断，直到 CPU 响应中断时，才由硬件清 0，也可以由软件清 0。

TR1：定时/计数器 T1 允许计数控制位。当 TR1＝1 时，定时/计数器 T1 允许开始加 1 计数；当 TR1＝0 时，定时/计数器 T1 停止计数。

TF0：定时/计数器 T0 溢出标志位。T0 被允许计数后，TH0 和 TL0 数值寄存器从初始值开始加 1 计数，直到最高位产生计数溢出时 TF0 标志位置 1，向 CPU 请求中断，直到 CPU 响应中断时，才由硬件清 0，也可以由软件清 0。

TR0：定时/计数器 T0 允许计数控制位。当 TR0＝1 时，定时/计数器 T0 允许开始加

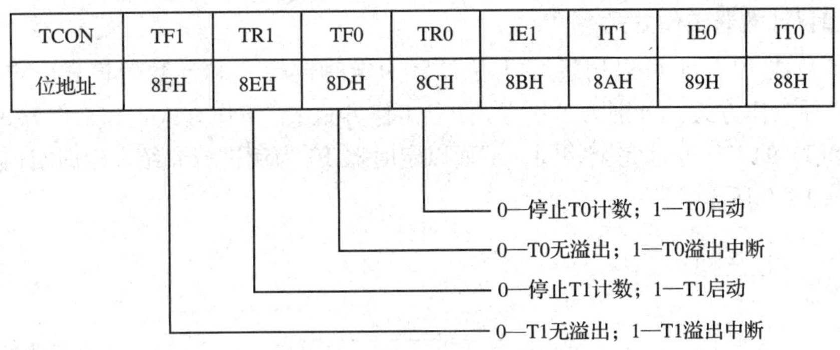

图 6－1－3　TCON 寄存器格式

1 计数；当 TR0 =0 时，定时/计数器 T0 停止计数。

**2. 定时/计数器的工作方式寄存器 TMOD**

定时/计数器的工作方式寄存器 TMOD 为一个 8 位的寄存器，用于控制定时/计数器 T0、T1 的工作方式。高 4 位控制定时/计数器 T1，低 4 位控制定时/计数器 T0。TMOD 寄存器格式如图 6－1－4 所示。TMOD 不能位寻址，只能进行字节设置，复位时寄存器初始值为 00H。

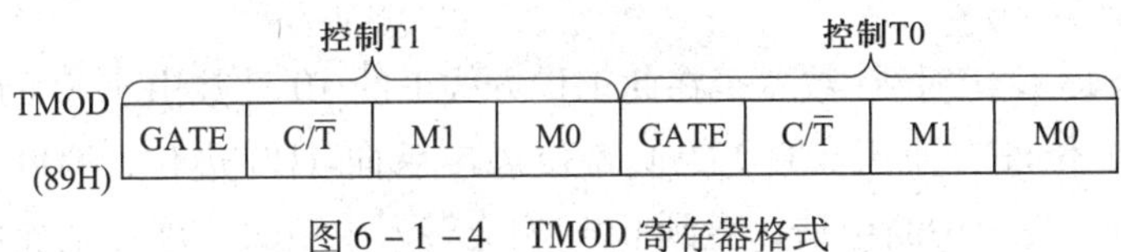

图 6－1－4　TMOD 寄存器格式

GATE（TMOD. 7）：门控选通位。当 GATE =0 时，只要设置 TR1 =1，即可启动定时/计数器 T1 开始计数；当 GATE =1，TR1 =1 并且$\overline{INT1}$ =1（即$\overline{INT1}$引脚输入为高电平）时，定时器 T1 开始计数。

C/$\overline{T}$（TMOD. 6）：定时/计数器 T1 的工作方式选择位。当 C/$\overline{T}$ =0 时，设置 T1 为定时器模式；当 C/$\overline{T}$ =1 时，设置 T1 为计数器模式。

GATE（TMOD. 3）：门控选通位。当 GATE =0 时，只要设置 TR0 =1，即可启动定时/计数器 T0 开始计数；当 GATE =1，TR0 =1 并且$\overline{INT0}$ =1（即$\overline{INT0}$引脚输入为高电平）时，定时器 T0 开始计数。

C/$\overline{T}$（TMOD. 2）：定时/计数器 T0 的工作方式选择位。当 C/$\overline{T}$ =0 时，设置为 T0 定时器模式；当 C/$\overline{T}$ =1 时，设置 T0 为计数器模式。

M1、M0：工作方式选择位。M1 和 M2 组合可以定义 4 种工作方式，见表 6－1－2。

**表 6－1－2　　定时/计数器模式选择**

| M1 M0 | 工作方式 | 说明 |
|---|---|---|
| 0 0 | 方式 0 | 13 位定时/计数器 |
| 0 1 | 方式 1 | 16 位定时/计数器 |
| 1 0 | 方式 2 | 8 位自动重装初值的定时/计数器 |
| 1 1 | 方式 3 | T0 分成两个独立的 8 位定时/计数器，T1 停止计数 |

### 三、定时/计数器工作方式

定时/计数器 T0、T1 可以通过 C/$\overline{T}$ 位设置为定时器模式和计数器模式。定时/计数器 T0、T1 有 4 种工作方式，分别为工作方式 0、工作方式 1、工作方式 2 和工作方式 3。定时/计数器 T0 和 T1 的工作原理完全相同，下面以定时器 T0 为例进行介绍。定时/计数器的控制框图如图 6－1－5 所示。

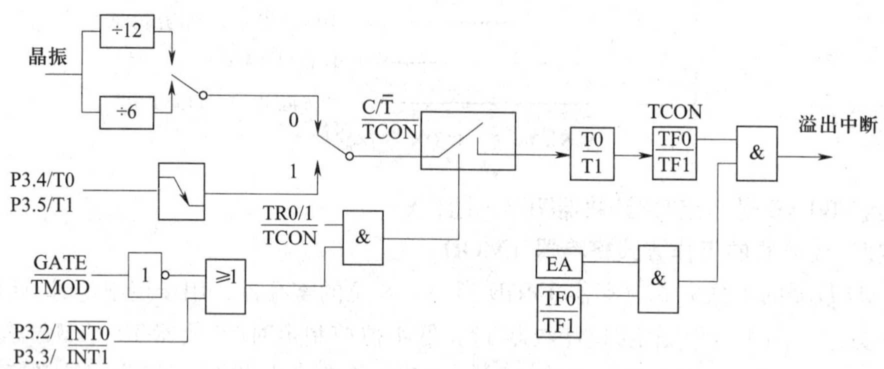


图 6－1－5　定时/计数器的控制框图

#### 1. 工作方式 0

工作方式 0 为 13 位定时/计数器，在此工作方式下的 T0 计数由 TH0 的 8 位和 TL0 的低 5 位组成，TL0 高 3 位没有使用。TL0 的低 5 位溢出后向 TH0 进位，TH0 计数溢出后置位 TF0 标志位，向 CPU 提出中断申请，直到 CPU 响应转入中断时，硬件系统自动将 TF0 清零。TF0 也可由程序查询和清“0”。工作方式 0 的最大计数值为 $2^{13}$（8192）。

STC89C51 系列单片机系统时钟有两种模式：一种是 12T 模式，每 12 个时钟为一个机器周期，定时器加 1。另外一种是 6T 模式，每 6 个时钟为一个机器周期，定时器计数加 1。

（1）当 C/$\overline{T}$＝0 且 GATE＝0 时，多路开关向上闭合，T0 选择定时器模式，T0 对单片机系统机器周期计数，每个机器周期 T0 定时器计数加 1，定时时间为：$T$＝（$2^{13}$－T0 计数初始值）×机器周期。

（2）当 C/$\overline{T}$＝1 且 GATE＝0 时，多路开关向下闭合，T0 选择计数器模式，T0 对单片机外部 T0（P3.4）引脚脉冲计数。

（3）当 C/$\overline{T}$＝0 且 GATE＝1 时，仅有$\overline{INT0}$＝1 和 TR0＝1 时，设置为计数器对单片机外部 T0（P3.4）引脚脉冲计数。

（4）当 C/$\overline{T}$＝1 且 GATE＝1 时，仅有$\overline{INT0}$＝1 和 TR0＝1 时，启动定时器对系统机器周期进行计数，该方式可以对$\overline{INT0}$引脚脉冲宽度进行测量。

#### 2. 工作方式 1

工作方式 1 为 16 位定时/计数器，在此工作方式下的 T0 计数由 TH0 的 8 位和 TL0 的 8 位组成。工作方式 1 与工作方式 0 只是计数的最大值不同，其他功能与工作方式 0 相同。

工作方式 1 的定时时间为：$T$＝（$2^{16}$－T0 计数初始值）×机器周期。

工作方式0的定时范围在工作方式1的定时范围之内，而工作方式0只是保留了早期单片机简单定时/计数功能方式，实际上并没有太多实际应用，一般使用时多采用工作方式1。

**3. 工作方式2**

工作方式2为8位可自动重装初值的定时/计数器，在此工作方式下TL0负责计数，TH0不参与计数，只是负责存放计数器初始值。当T0计数至TL0计数溢出时，硬件将中断请求标志位TF0置1，同时自动将TH0的数值赋给TL0，即TL0=TH0，重装时TH0数值不变。TL0从该数值开始计数，直到下次计数溢出又进行重新装载。

定时器在该方式下的定时时间为：$T=(2^8-\text{TH0数值})\times$机器周期。虽然定时时间相比工作方式0和1短了，但由于有自动加载初始值功能，减少了程序初始值赋值运行时间，所以定时时间更加精确。

**4. 工作方式3**

工作方式3与前面3种工作方式有很大不同，T1在此工作方式下无效，T0拆分成两个独立的8位定时/计数器使用，其中TL0作为不能自动重装初始值的8位定时/计数器来使用，计数初始值仍需程序中加载。TL0可以作为定时器和计数器使用，由控制T0的$C/\overline{T}$位设置选择。其功能和控制方式同工作方式0和1，最大计数值为$2^8$（256）。

工作方式3中TH0只能作为定时器使用，而不能用于计数，因此没有$C/\overline{T}$控制位选择。TH0的启动只受T1的启动位TR1控制，当TH0计数溢出时置位TF1标志位，向CPU提出中断申请，直到CPU响应转入中断时，硬件系统自动将TF1清零。定时时间$T=(2^8-\text{TH0数值})\times$机器周期。TH0的中断服务地址占用T1的中断服务入口地址。

当T0运行在工作方式3时，由于TH0占用了T1启动位TR1和溢出标志位TF1，因此T1使用受到了限制。在此情况下，T1仍然可以工作在方式0、1、2中，即可作为定时器使用，又可作为计数器使用。只是计数器计满溢出不能使用TF1溢出标志位，不能向CPU申请中断，只能将溢出信号直接送到串口，此时T1可以作为波特率发生器，只需程序写入工作方式0、1、2时，T1即可自动运行。如需要停止T1工作，在程序中将T1控制方式设置为工作方式3即可，因为T1是不能工作在工作方式3的，强行设置为工作方式3，T1自然停止工作。

**四、定时/计数器的初始值计算**

T0或T1具有预赋初值功能，特殊功能寄存器TH$x$和TL$x$（$x=0$，1）用于存放初值，单片机复位时计数初值为0。

如图6-1-6所示，定时/计数器T0、T1启动后计数从初始值T初值开始加1计数，当计数到最大值M时溢出，产生中断请求，并且将相应的溢出标志位TF0、TF1置1，完成一次完整的计数过程。

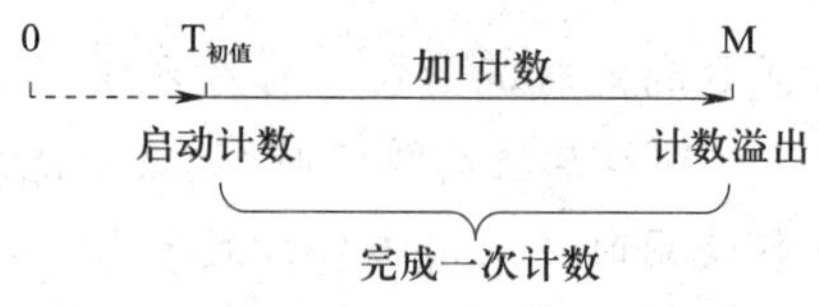


图 6－1－6　定时/计数器计数原理

初始值的设定根据定时时间或计数需要计算，定时/计数器初始值设定的计算方法如下：

$$定时/计数器初始值\ N_S = 2^n - 实际计数值$$

式中，$n$ 为由工作方式决定的定时/计数器位数。在工作方式 0 下，$n$ 取 13，$2^{13} = 8\,196$；在工作方式 1 下，$n$ 取 16，$2^{16} = 65\,536$；在工作方式 2 和 3 下，$n$ 取 8，$2^8 = 256$。

下面以定时/计数器 T0 为例，单片机晶振为 12 MHz，定时时间为 5 ms；采用工作方式 1。定时器初始值获取方式有两种：一种是通过公式进行计算，另一种方式是通过小程序输入数值进行获取。

**1. 公式方式获取定时器初始值**

由于单片机采用 12 MHz，则机器周期为 1 μs。首先计算实际计数值。

$$实际计数值 = \frac{定时时间}{机器周期} = \frac{5\ \text{ms}}{1\ \mu\text{s}} = 5\,000$$

然后计算定时/计数器初始值如下：

$$N_S = 2^{16} - 实际计数值 = 65\,536 - 5\,000 = 60\,536 = \boxed{EC}\boxed{78}\,H$$

（EC → TH0，78 → TL0）

**2. 小程序方式获取定时/计数器初始值**

小程序方式获取定时器初始值通常比较简单，首先打开 51 初始值设定小程序，如图 6－1－7 所示，然后在定时器方式选项框中选中方式 1，晶振频率输入 12，定时时长输入 5，最后点击“确定”按钮即可获取定时器初始值 EC78H，如图 6－1－8 所示。该十六进制数值表示当 51 单片机晶振频率为 12 MHz 时，定时器以方式 1 定时 5 ms（5 000 μs）所要设定的初始值。

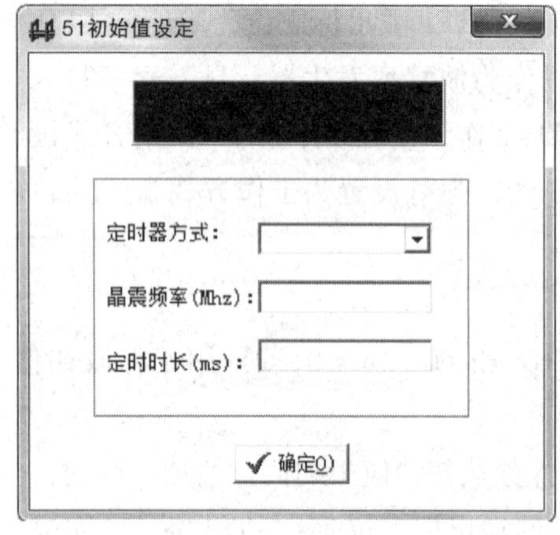


图 6－1－7　51 初始值设定小程序界面

图 6－1－8　51 初始值设定小程序所获取的初始值界面

## 五、定时/计数器寄存器初始化

定时/计数器寄存器的初始化步骤如图 6－1－9 所示。

【例】T0 作为定时/计数器，要求实现 5 ms 定时，选择工作方式 1。

具体初始化程序如下：

```
MOV     TMOD,#05H       ;选择 T0 为工作方式 1,定时功能
MOV     TH0,#0ECH       ;装载定时/计数器 T0 定时 5ms 初值高 8 位
MOV     TL0,#78H        ;装载定时/计数器 T0 定时 5ms 初值低 8 位
SETB    ET0             ;开启定时/计数器 T0 中断
SETB    EA              ;开启总中断
SETB    TR0             ;启动定时/计数器 T0,开始定时计数
```

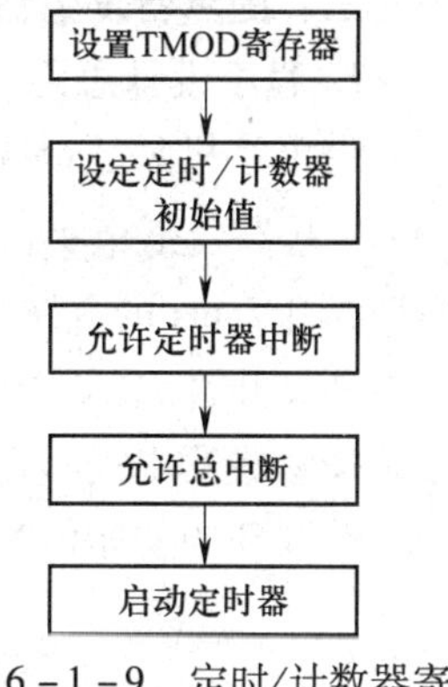

图 6－1－9　定时/计数器寄存器的初始化步骤

# 任务实施

## 一、任务准备

准备安装有单片机开发软件的工作台、开发板，用户手册和学生用书。

## 二、提示音发生器硬件电路设计

提示音发生器硬件电路如图 6－1－10 所示，只需要在单片机的 P2.0 引脚用导线引出信号输出端子即可，不需要设计外围电路。

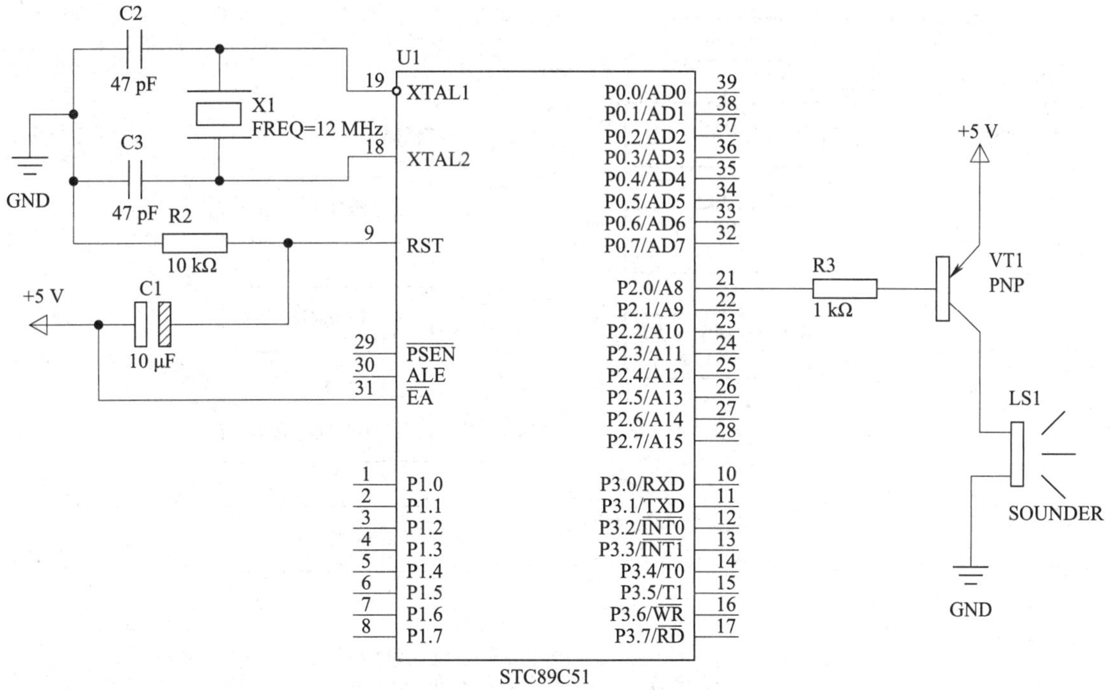

图 6－1－10　提示音发生器硬件电路

## 三、提示音发生器程序设计

### 1. 程序设计思路

设单片机系统晶振为$f_{osc}$ = 12 MHz，机器周期为$T$ = 1 μs。由于频率为 1 kHz，周期为 1 ms，故高、低电平占用的时间均为 0.5 ms，即 500 μs。利用单片机内部定时/计数器产生周期为 0.5 ms 的方波，定时/计数器 T0 工作于方式 1，定时/计数器 T0 每隔 0.5 ms 产生一次中断，并且 P2.0 引脚端口电平取反一次，从而在 P2.0 引脚端口产生频率为 1 kHz 方波信号，蜂鸣器发出提示音。计数初始值可通过公式方式或小程序方式获取，如图 6－1－11 所示，获取到的初始值为 FE0CH。提示音发生器程序设计流程图如图 6－1－12 所示。

1. 计算实际计数值

$$实际计数值=\frac{定时时间}{机器周期}=\frac{500\ \mu s}{1\ \mu s}=500$$

2. 计算定时器初始值

$N_s=2^{16}$-实际计数值=65 536-500=65 036=FE0CH

3. 确定TH0和TL0值

TH0=0FEH　　TL0=0CH

a)

b)

图 6－1－11　公式方式和小程序方式获取定时器初始值

a）公式方式获取定时器初始值　b）小程序方式获取定时器初始值

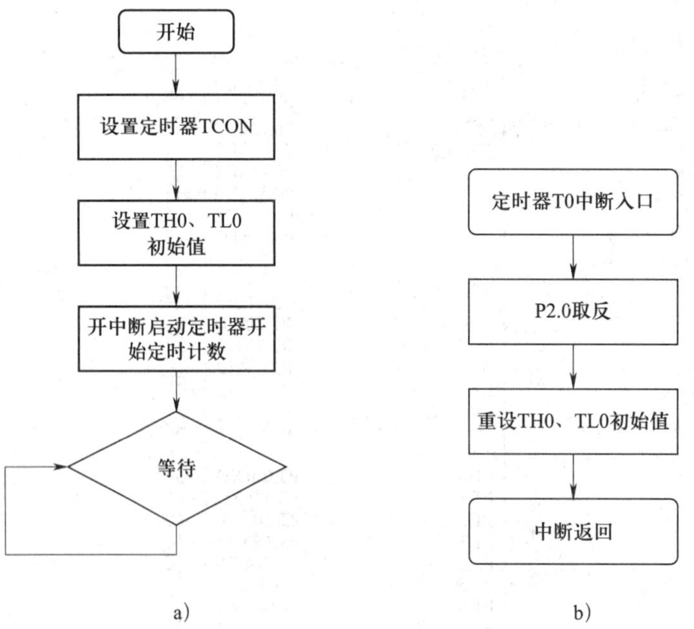


图 6－1－12　提示音发生器程序设计流程图

a）主程序流程图　b）T0 中断服务程序流程图

**2. 参考程序**

提示音发生器示例程序如下：

```
        ORG    0000H
        LJMP   MAIN
        ORG    000BH          ;定时/计数器 T0 中断入口地址
        LJMP   TIMER0
        ORG    0030H
MAIN:   MOV   SP,#5FH         ;主程序,修改堆栈指针 SP 地址
        MOV   TMOD,#01H       ;设置 T0 为工作于方式 1,定时功能
        MOV   TH0,#0FEH       ;设置定时/计数器 T0 定时 500us 高 8 位初始值
        MOV   TL0,#0CH        ;设置定时/计数器 T0 定时 500us 低 8 位初始值
        SETB  ET0             ;开启定时/计数器 T0 中断
        SETB  EA              ;开启总中断
        SETB  TR0             ;启动定时/计数器 T0,开始定时计数
        SJMP  $               ;自循环,等待
TIMER0:                       ;定时/计数器 T0 中断服务程序
        CPL   P2.0            ;P2.0 取反输出
        MOV   TH0,#0FEH       ;重装定时/计数器 T0 初始值高 8 位
        MOV   TL0,#0CH        ;重装定时/计数器 T0 初始值低 8 位
        RETI                  ;中断返回
        END
```

**四、程序编译与仿真**

程序编写完成后，用 Keil 编译软件进行编译，生成 hex 文件。在 Proteus 仿真软件中按图 6－1－10 所示电路图绘制硬件电路，并将 hex 文件载入单片机中进行仿真运行，观察单片机运行结果，检验程序和电路设计是否达到设计的要求。图 6－1－13 所示为提示音发生器仿真效果图。

**五、开发板调试（选做）**

把 hex 文件用 ISP 软件下载到开发板，监听开发板蜂鸣器的提示音是否正常，如不正常，检查原因，解决问题，直到控制效果与要求相符为止。

说明　不同型号开发板自带的蜂鸣器驱动电路有所不同，请查阅资料，修改程序，在开发板上调试，直到提示音发声符合要求。

**六、填写学生用书**

按照要求完成学生用书的填写。

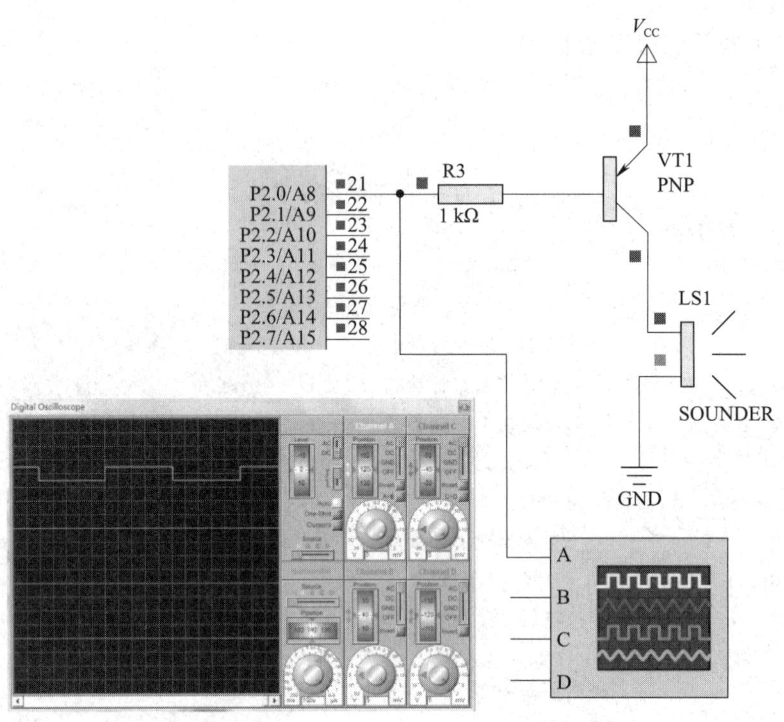


图 6-1-13　提示音发生器仿真效果图

## 任务评价

根据任务考核评分表（见表 6-1-3）进行任务评价。

**表 6-1-3　　任务考核评分表**

| 评价项目 | 评价标准 | 配分（分） | 自我评价 | 小组评价 | 教师评价 |
|---|---|---|---|---|---|
| 职业素养 | 安全意识、责任意识、服从意识强 | 5 | | | |
| | 积极参加教学活动，按时完成各项学习任务 | 5 | | | |
| | 团队合作意识强，善于与人交流和沟通 | 5 | | | |
| | 自觉遵守劳动纪律，尊敬师长，团结同学 | 5 | | | |
| | 爱护公物，节约材料，工作环境整洁 | 5 | | | |
| 专业能力 | 硬件电路绘制不正确，每错一处扣 3 分 | 15 | | | |
| | 指令格式应用错误，每错一处扣 3 分 | 15 | | | |
| | 程序编写不正确，每错一处扣 5 分 | 25 | | | |
| | 程序编译与仿真不符合任务要求，每项扣 5 分 | 20 | | | |
| 合计 | | 100 | | | |
| 总评分 | | 综合等级 | | 教师（签名） | |

注：学习任务评价采用自我评价、小组评价和教师评价三种方式，总评分 = 自我评价 ×20% + 小组评价 ×20% + 教师评价 ×60%，评价等级分为 A（90~100）、B（80~89）、C（70~79）、D（60~69）、E（0~59）五个等级。

# 任务2 倒数计时器设计

## 学习目标

1. 熟记定时/计数器查询控制方式。
2. 会应用定时/计数器查询控制方式。
3. 会设计倒数计时器硬件电路。
4. 能用中断和查询方式编写倒数计时器程序。
5. 能与他人分析讨论倒计时计数器的设计思路，问题解决方法等。

## 任务引入

倒计时在平时的生产生活中十分常见，如交通信号灯显示剩余通过时间或等待时间、微波炉加热食物时显示剩余加热时间、火箭发射升空倒计时显示等。图6－2－1所示为人行交通倒计时信号灯。本任务是设计一个10 s倒数计时器，利用单片机定时器实现每隔1 s在数码管上动态显示10～0 s倒计时功能。

分析任务要求可知，该任务需要精确的秒数量级的数，定时器计数溢出除了产生中断外，还会产生溢出标志TF，本任务可以用查询方式实现1 s定时，需要学习定时/计数器查询控制的相关知识。

图6－2－1 人行交通倒计时信号灯

## 相关知识

### 定时/计数器查询控制

定时/计数器查询控制是一种条件传送。在执行服务程序前，首先查询定时/计数器溢出标志位TF0或TF1状态信息，并加以测试判断，条件满足时才执行服务程序，并需软件使溢出标志位清零，等待下一次溢出。在查询过程中，CPU的利用率不高，适合于实时性能要求不高的情况。定时/计数器查询控制流程图如图6－2－2所示。

查询控制定时，主要是循环查询等待TF0或TF1溢出标志位是否置1，如果定时时间到则TF0或TF1由硬件自动置位。如查询判断TF0是否置位可以使用以下指令实现：

```
JNB TF0，$；
```

判断中断标志位TF0是否置1，如果TF0为0，则继续执行JNBTF0，$ 程序语句，等待 TF0 置 1。如果 TF0 为 1 则往下执行程序语句。

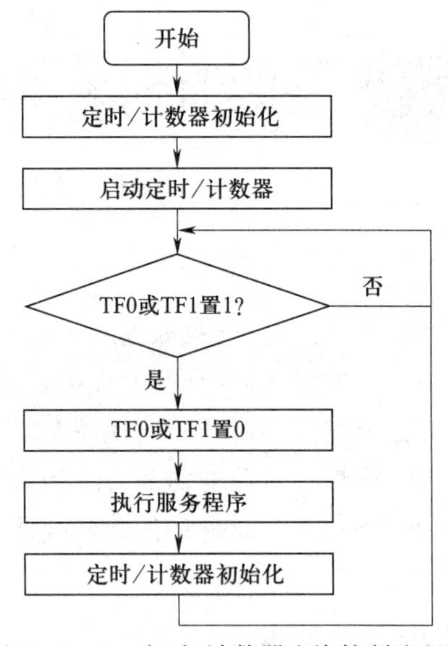


图 6－2－2　定时/计数器查询控制流程图

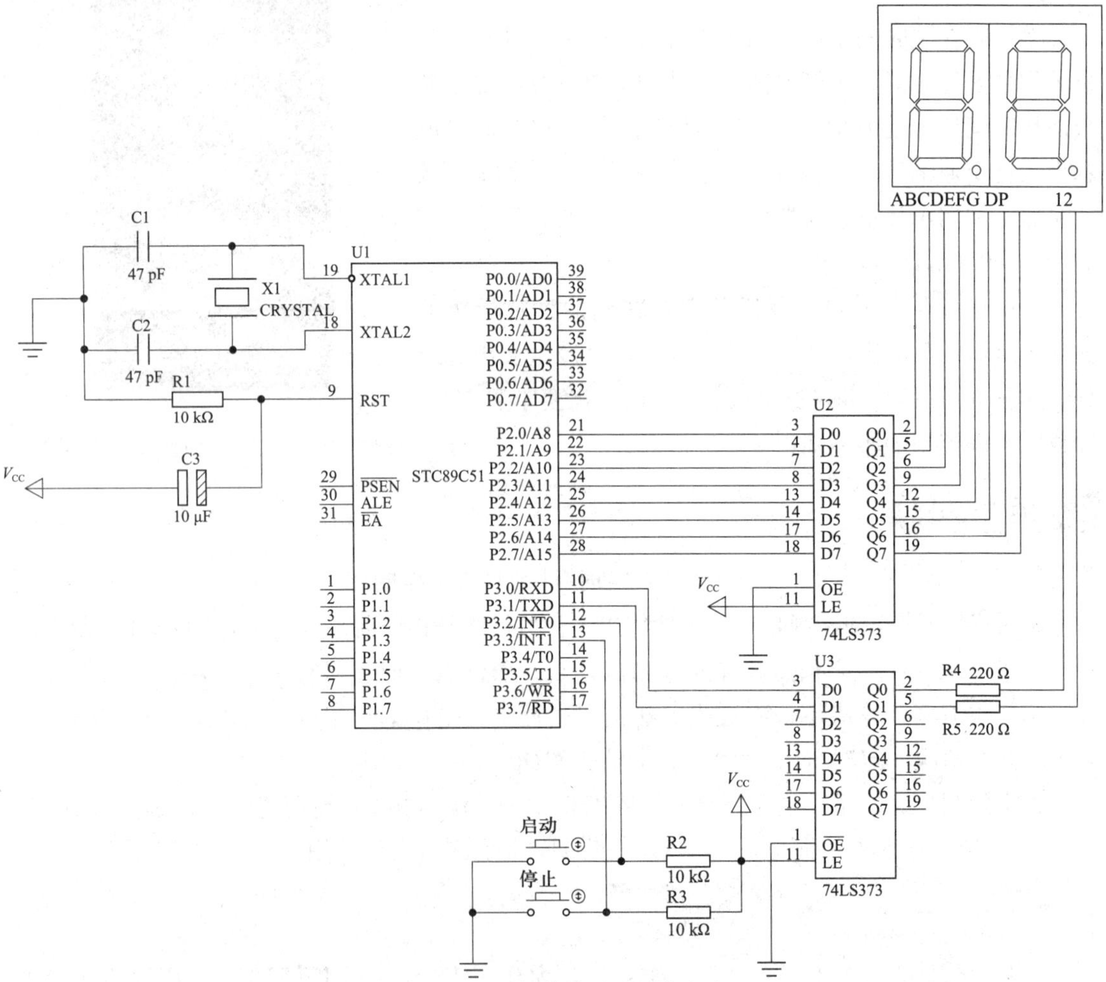

## 任务实施

### 一、任务准备

准备安装有单片机开发软件的工作台、开发板，用户手册和学生用书。

### 二、倒数计时器硬件电路设计

本任务倒计时时间在 10 s 内，可采用共阳极两位数码管作为显示器件，由单片机控制输出显示。两位数码管采用动态显示方式，锁存器驱动数码管电路设计。两个按键分别连接到 MCS－51 系列单片机的外部中断口 INT0 和 INT1，用外部中断方式控制倒数计时器的启动和停止。倒数计时器硬件电路如图 6－2－3 所示。

图 6－2－3　倒数计时器硬件电路

### 三、倒数计时器程序设计

设单片机系统晶振为$f_{osc}$=12 MHz，数码管倒数计时时间间隔为1 s，根据任务要求使用定时器T0、工作方式1，每次定时50 ms产生中断，中断20次，即50 ms×20=1 s。经计算，定时器T0初始值TH0=3CH，TL0=B0H。本任务可以用两种方式实现：定时器查询方式和定时器中断方式。本例采用定时器查询方式实现倒数计时，程序流程图如图6-2-4所示。

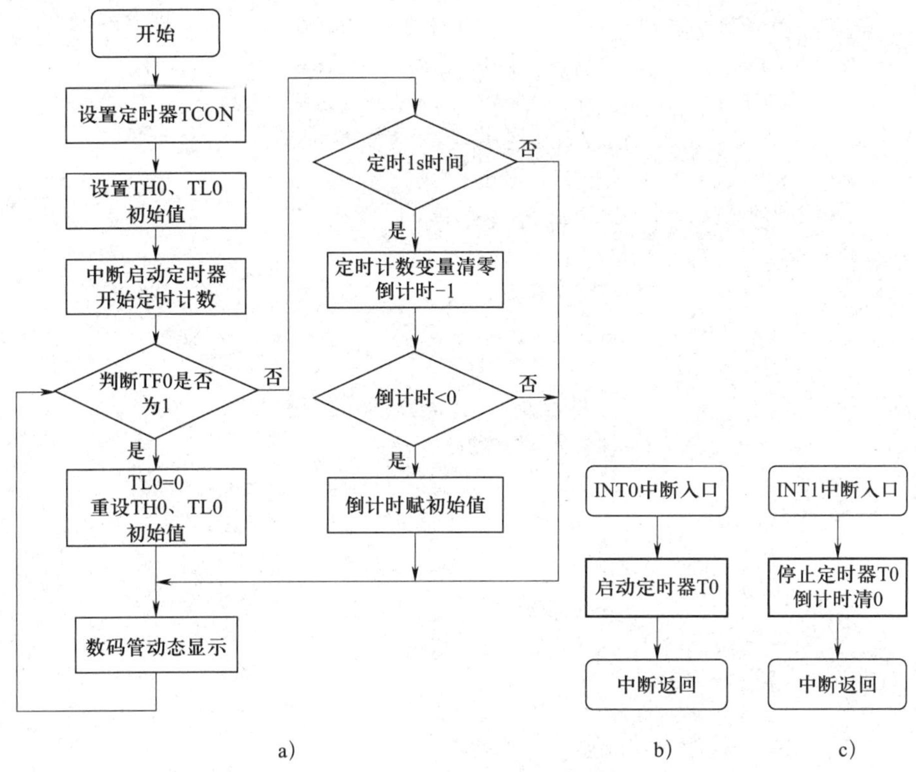


图6-2-4　定时器查询方式实现倒数计时程序流程图

a）主程序流程图　b）INT0中断服务程序流程图　c）INT1中断服务程序流程图

定时器查询方式实现倒数计时器示例程序如下：

```
        ORG   0000H
        LJMP  MAIN
        ORG   0003H
        LJMP  Int0Pro
        ORG   0013H
        LJMP  Int1Pro
        ORG   0030H
MAIN:   SETB  EA                ;开启总中断
        SETB  EX0               ;开启外部中断0
        SETB  IT0               ;设置外部中断0为下降沿触发
```

```
        SETB  EX1             ;开启外部中断1
        SETB  IT1             ;设置外部中断1为下降沿触发
        MOV   SP,#5FH
        MOV   R7,#10          ;R7赋值倒数计时初始值为10
LOOP:   JNB   TF0,DISPLAY     ;判断TF0是否为1,不是则跳转到DISPLAY
        CLR   TF0             ;当TF0为1,则50 ms时间到,清除溢出标志位TF0
        INC   R1
        CJNE  R1,#20,NEXT1    ;R1是否为20,不是则跳转至NEXT1标号
        MOV   R1,#0           ;R1到20,1 s时间到,R1重赋初值0
        CJNE  R7,#0,NEXT2     ;判断R7是否为0,不为0则跳转NEXT2
        MOV   R7,#0           ;倒数计时到0,则R7重新赋值为0
        CLR   TR0             ;停止倒数计时
        AJMP  LOOP            ;跳转LOOP等待
NEXT2:  DEC   R7              ;R7减1,倒数计时减1s
NEXT1:  MOV   TH0,#3CH        ;重装定时器T0定时50 ms高8位初值
        MOV   TL0,#0B0H       ;重装定时器T0定时50 ms低8位初值
        AJMP  LOOP
DISPLAY: MOV  A,R7            ;取出R7的十位、个位数字
        MOV   B,#10           ;将除数10赋值给B
        DIV   AB              ;A除以B的商数即A的十位数字存于A
                              ;A除以B的余数即A的个位数字存于B
        MOV   DPTR,#TAB       ;将TAB数组首地址送DPTR
        SETB  P3.0            ;选通十位数码管
        CLR   P3.1
        MOVC  A,@A+DPTR       ;查表
        MOV   P2,A            ;送十位数字的段码
        LCALL DELAY           ;延时
        MOV   P2,#0FFH        ;段码消隐
        MOV   A,B             ;将B中的个位数字送A
        MOVC  A,@A+DPTR       ;查表
        SETB  P3.1            ;选通个位数码管
        CLR   P3.0
        MOV   P2,A            ;送个位数字的段码
        LCALL DELAY           ;延时
        MOV   P2,#0FFH;       ;消隐
        SJMP  LOOP
DELAY:  MOV   R6,#0A9H        ;延时子程序
D0:     MOV   R5,#66H
        DJNZ  R5,$
        DJNZ  R6,D0
        RET
```

```
TAB:        DB    0C0H,0F9H,0A4H,0B0H,99H  ;0 ~9 数字段码
            DB    92H,82H,0F8H,80H,90H
            LJMP  MAIN
            ORG   0003H
            LJMP  Int0Pro
            ORG   0013H
            LJMP  Int1Pro
;;;;;INT0 中断服务函数;;;;;;;;;;
Int0Pro:
            MOV    TMOD,#01H   ;设置 T0 为工作方式 1,定时功能
            MOV    TH0,#3CH    ;设置定时器 T0 定时 50 ms 高 8 位初值
            MOV    TL0,#0B0H   ;设置定时器 T0 定时 50 ms 低 8 位初值
            MOV    R1,#0       ;R1 存放定时器 T0 溢出次数,初值为 0
            MOV    R7,#10      ;R7 赋值倒数计时初值为 10
            SETB   TR0         ;启动定时器 T0,开始定时计数
            RETI
;;;;;INT1 中断服务函数;;;;;;;;;;
Int1Pro:
            CLR    TR0         ;停止定时器 T0 定时计数
            MOV    R7,#0       ;R7 倒数计时值清零
            RETI
            END
```

## 四、程序编译与仿真

程序编写完成后，用 Keil 编译软件进行编译生成 hex 文件。在 Proteus 仿真软件中按图 6－2－3 所示电路图绘制硬件电路，并将 hex 文件载入单片机中进行仿真运行，观察单片机运行结果，检验程序和电路设计是否达到设计的要求。倒数计时器仿真效果图如图 6－2－5 所示。

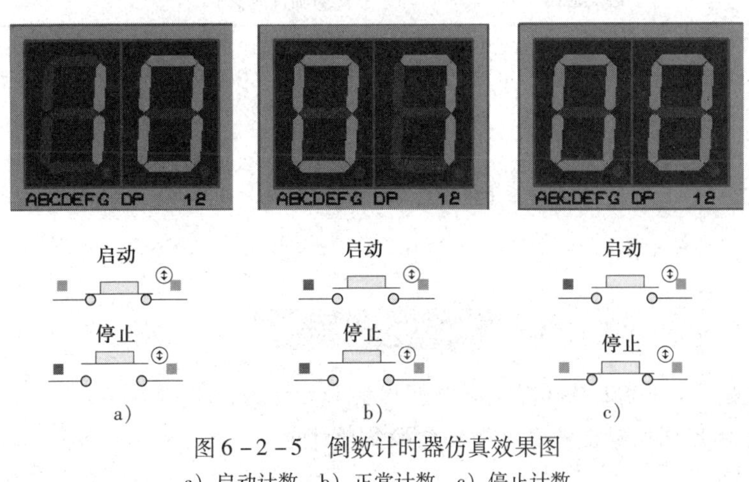


图 6－2－5　倒数计时器仿真效果图

a）启动计数　b）正常计数　c）停止计数

### 五、开发板调试（选做）

把 hex 文件用 ISP 软件下载到开发板，观察开发板数码管显示倒计时是否正常，如不正常，检查原因，解决问题，直到显示效果与要求相符为止。

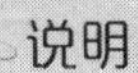

说明　不同型号开发板的数码管的驱动电路、开关接口电路各有不同，请查阅资料，修改程序，在开发板上调试，直到倒计时显示效果符合要求。

### 六、填写学生用书

按照要求完成学生用书的填写。

## 任务评价

根据任务考核评分表（见表 6－2－1）进行任务评价。

表 6－2－1　　任务考核评分表

| 评价项目 | 评价标准 | | | 配分（分） | 自我评价 | 小组评价 | 教师评价 |
|---|---|---|---|---|---|---|---|
| 职业素养 | 安全意识、责任意识、服从意识强 | | | 5 | | | |
| | 积极参加教学活动，按时完成各项学习任务 | | | 5 | | | |
| | 团队合作意识强，善于与人交流和沟通 | | | 5 | | | |
| | 自觉遵守劳动纪律，尊敬师长，团结同学 | | | 5 | | | |
| | 爱护公物，节约材料，工作环境整洁 | | | 5 | | | |
| 专业能力 | 硬件电路绘制不正确，每错一处扣 3 分 | | | 15 | | | |
| | 指令格式应用错误，每错一处扣 3 分 | | | 15 | | | |
| | 程序编写不正确，每错一处扣 5 分 | | | 25 | | | |
| | 程序编译与仿真不符合任务要求，每项扣 5 分 | | | 20 | | | |
| 合计 | | | | 100 | | | |
| 总评分 | | 综合等级 | | 教师（签名） | | | |

注：学习任务评价采用自我评价、小组评价和教师评价三种方式，总评分＝自我评价×20%＋小组评价×20%＋教师评价×60%，评价等级分为 A（90～100）、B（80～89）、C（70～79）、D（60～69）、E（0～59）五个等级。

# 任务 3　生产线自动打包控制器设计

## 学习目标

1. 会描述定时/计数器作为计数器使用时的计数方式。
2. 能设计单片机控制生产线自动打包控制硬件电路。

3. 会编写单片机控制生产线自动打包控制程序。

4. 能与他人一起分析讨论生产线自动打包控制器设计和调试过程中遇到的问题，并提出解决方法。

## 任务引入

在一条工业生产线上，零件通过一个装有光电传感器的传送带传送，每当零件通过传感器时，传感器向单片机发出一个脉冲信号，自动计数1个零件。本任务是设计一个生产线自动打包控制器，每通过24个零件，生产线自动将24个零件打包，打包控制时间0.1s。要求选用合适的单片机和打包机，用单片机开发软件绘制单片机控制生产线自动打包控制器的电路图，提交编写源代码，并用软件进行仿真。

分析任务要求可知，该任务可以用按键来模拟零件通过一个装有光电传感器的传送带传送，用LED模拟打包机，利用单片机定时/计数器的计数功能实现计数，可选择T0或T1引脚外接按键实现，计数满24个时，LED点亮1次（即1次打包过程）。

## 相关知识

### 定时/计数器计数方式

当定时/计数器工作在计数状态时，MCS－51系列单片机对来自T0（P3.5）或T1（P3.6）引脚的输入脉冲信号进行计数，在设置计数器工作状态时，每当外部输入的脉冲发生负跳变时，计数器加1，直到计数器加满溢出，向CPU申请中断，依次重复。计数器可测量脉冲信号的宽度、周期、频率，也可实现自动计数。

在测量脉冲计数值时，若需要计数脉冲数值较大，可以通过溢出中断次数来计算脉冲数值。如定时/计数器工作在方式1，假设计数脉冲溢出了$n$次，最后一次计数值为$A$，则计数脉冲数值为：

$$N = n \times 65\ 536 + A$$

当应用在测量脉冲信号的频率时，可以设置定时器为1 s，计数器在此期间计数脉冲的数值就是此信号的频率。

**【例】**计数器在1 s时间内计数脉冲溢出了10次，最后停止计数时，TH0值为0AH，TL0为64H，则此时计数脉冲数值为：

$$N = (10 \times 65\ 536) + (10 \times 256 + 100) = 658\ 020$$

则换算为频率就是658.02 kHz。

## 任务实施

### 一、任务准备

准备安装有单片机开发软件的工作台、开发板，用户手册和学生用书。

### 二、硬件电路设计

生产线自动打包控制电路如图6－3－1所示，选用LED模拟打包机，用按键模拟零件通过时产生一个脉冲信号，向单片机发出一个计数脉冲。通过与定时/计数器 T0 计数输入端（P3.4）相连的按键电路，为单片机控制系统模拟光电传感器对传送带上零件的监测信号。用按键按下时产生的负脉冲来模拟零件从光源与传感器之间通过。当达到规定的零件数（24 个）时，通过 P1.0 送出低电平，让 LED 点亮一段时间，表示对 24 个零件进行打包处理。

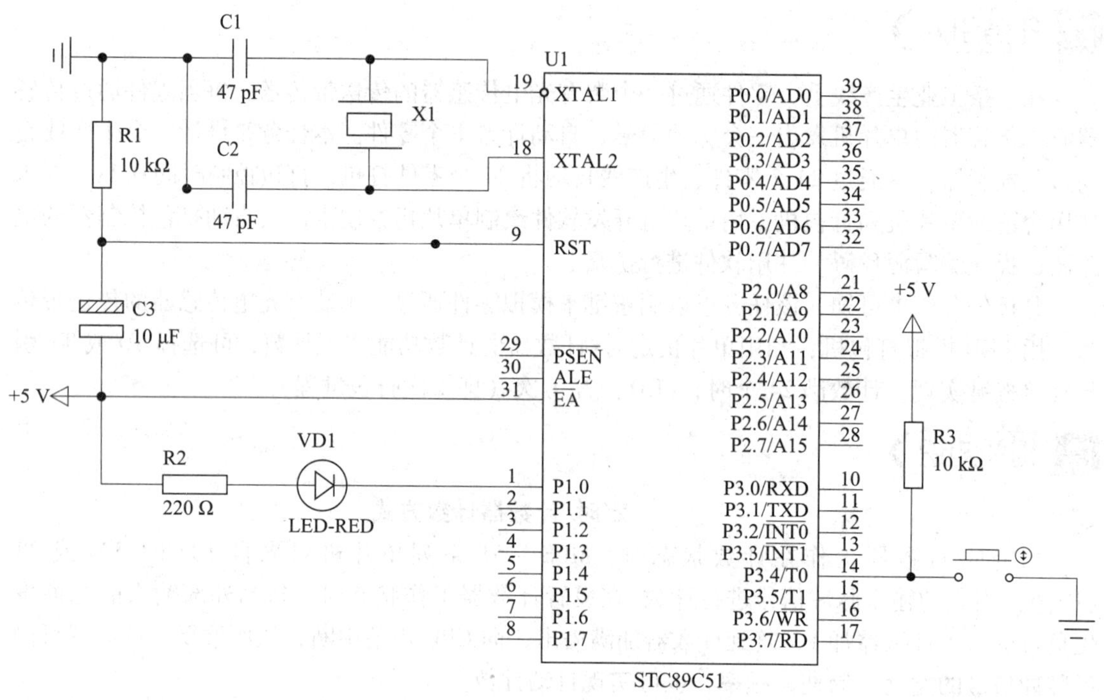


图 6-3-1　生产线自动打包控制电路

## 三、生产线自动打包控制模拟程序设计

### 1. 程序设计思路

设置单片机定时/计数器 T0 用作计数器，设置 $C/\overline{T}=1$ 且 GATE = 0 时，T0 对单片机外部 T0（$P_{3.4}$）引脚脉冲计数，选择工作方式 2。本任务程序设计包括按键开关计数程序和模拟打包控制信号程序。

生产线自动打包控制程序设计流程图如图 6-3-2 所示。

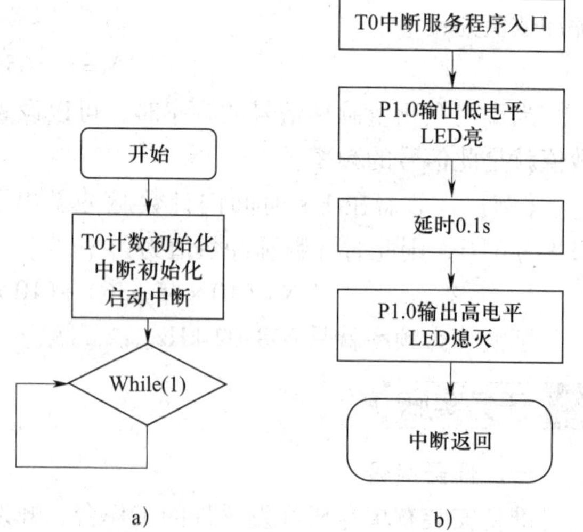


图 6-3-2　生产线自动打包控制程序设计流程图
a）主程序流程图　b）T0 中断服务程序流程图

### 2. 参考程序

生产线自动打包控制参考程序如下：

```
        ORG     0000H
        LJMP    MAIN
        ORG     000BH           ;T0 中断入口地址
        LJMP    TIME0
MAIN:   MOV     TMOD,  #06H     ;设置 T0 为工作方式 2,计数功能
        MOV     TH0,  #236      ;装载计数器 T0 计满 24 个数的初值
        MOV     TL0,  #236;     ;装载计数器 T0 计满 24 个数的初值
        SETB    EA
        SETB    ET0             ;开启计数器 T0 中断
        SETB    P1.0            ;设置打包控制信号无效,LED 灯熄灭
        SETB    TR0             ;启动计数器 T0,开始计数
        JMP     $
TIME0:                          ;计数器 T0 中断服务程序
        CLR     P1.0            ;输出打包控制信号,启动打包机,LED 亮
        LCALL   DELAY           ;延时 0.1s
        SETB    P1.0            ;打包控制信号无效,停止打包,LED 熄灭
        RETI                    ;中断返回
DELAY:                          ;延时子程序
        MOV     R6,#2
D0:     MOV     R5,#248
        DJNZ    R5, $
        DJNZ    R6,D0
        RET
        END
```

## 四、程序编译与仿真

程序编写完成后，用 Keil 编译软件进行编译生成 hex 文件。在 Proteus 仿真软件中按图 6-3-1 所示电路图绘制硬件电路，并将 hex 文件载入单片机中进行仿真运行，观察单片机运行结果，检验程序和电路设计是否达到设计的要求。为简化操作，可以把计数值改小来进行仿真试验。自动打包控制仿真效果图如图 6-3-3 所示。

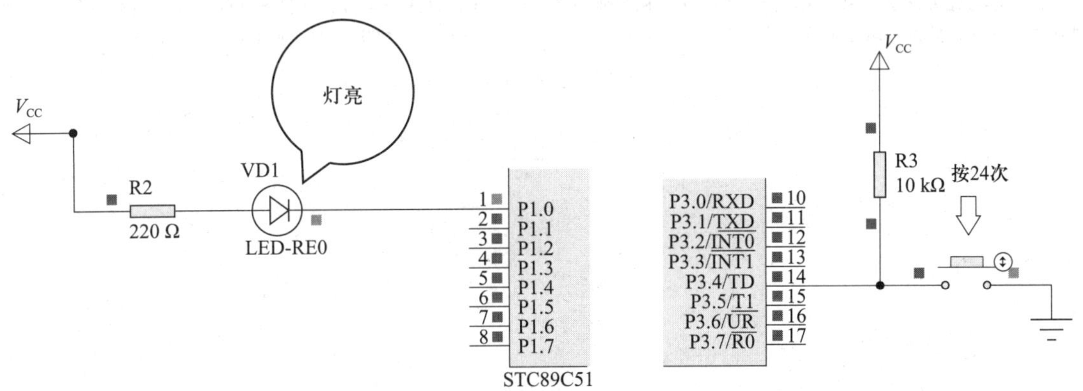


图 6-3-3　自动打包控制仿真效果图

### 五、开发板调试（选做）

把 hex 文件用 ISP 软件下载到开发板，观察开发板按键模拟计数效果是否正常，如不正常，检查原因，解决问题，直到与要求相符为止。

不同型号开发板的开关接口电路各有不同，请查阅资料，修改程序，在开发板上调试，直到按键模拟计数效果符合要求。

### 六、填写学生用书

按照要求完成学生用书的填写。

## 任务评价

根据任务考核评分表（见表 6－3－1）进行任务评价。

表 6－3－1　　任务考核评分表

| 评价项目 | 评价标准 | 配分（分） | 自我评价 | 小组评价 | 教师评价 |
|---|---|---|---|---|---|
| 职业素养 | 安全意识、责任意识、服从意识强 | 5 | | | |
| | 积极参加教学活动，按时完成各项学习任务 | 5 | | | |
| | 团队合作意识强，善于与人交流和沟通 | 5 | | | |
| | 自觉遵守劳动纪律，尊敬师长，团结同学 | 5 | | | |
| | 爱护公物，节约材料，工作环境整洁 | 5 | | | |
| 专业能力 | 硬件电路绘制不正确，每错一处扣 3 分 | 15 | | | |
| | 指令格式应用错误，每错一处扣 3 分 | 15 | | | |
| | 程序编写不正确，每错一处扣 5 分 | 25 | | | |
| | 程序编译与仿真不符合任务要求，每项扣 5 分 | 20 | | | |
| 合计 | | 100 | | | |
| 总评分 | | 综合等级 | | 教师（签名） | |

注：学习任务评价采用自我评价、小组评价和教师评价三种方式，总评分＝自我评价×20%＋小组评价×20%＋教师评价×60%，评价等级分为 A（90～100）、B（80～89）、C（70～79）、D（60～69）、E（0～59）五个等级。

# 项目七 串口通信应用

串口是一种应用十分广泛的通信接口，串口成本低、容易使用、通信线路简单，可实现两个设备的互相通信。单片机的串口可以使单片机与单片机、单片机与计算机、单片机与各式各样的模块互相通信，互传数据信息。比如单片机和计算机的串口通信，单片机可以采集一些模拟量（如温度，湿度，气体浓度等），将这些模拟量转换成数字量后通过串口通信接口传输给单片机或计算机，单片机或计算机再处理所采集模拟量，本项目以双机通信为例介绍单片机串口通信应用。

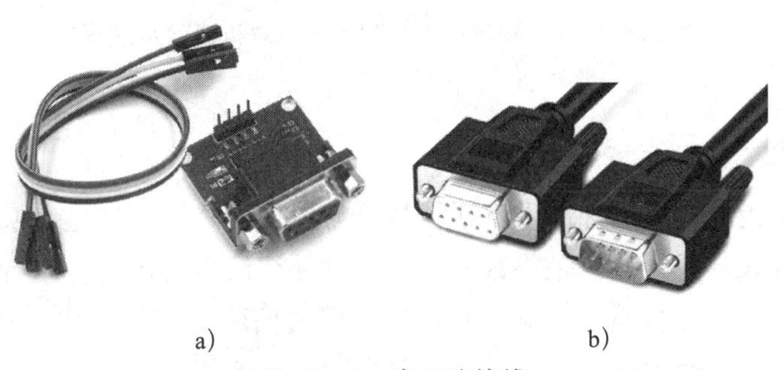

a) b)

图7-0-1 串口连接线

a）串口接口 b）串口线

## 任务 双机通信设计

### 学习目标

1. 能对串口线进行正确连接。
2. 能编写串口初始化程序。
3. 能用中断或查询方式接收或发送数据。
4. 能编写串口接收和发送数据程序。
5. 会设计简单的串口通信电路。
6. 会编写简单的串口通信应用程序。

## 任务引入

在工业自动化中实时控制和数据处理得到广泛应用，本任务是采用两片单片机进行双机通信，一片单片机作为主机，模拟发送按键控制数据，另一片单片机作为从机，接收主机发送的控制数据，并根据接收到的数据去控制 LED 灯闪烁和熄灭。

分析任务要求可知，该任务要实现两块单片机之间互相通信，可利用单片机串口通信方式，单片机 1 的 P3.0/RXD 引脚连接单片机 2 的 P3.1/TXD 引脚，单片机 1 的 P3.1/TXD 引脚接单片机 2 的 P3.0/RXD 引脚，如图 7－1－1 所示。

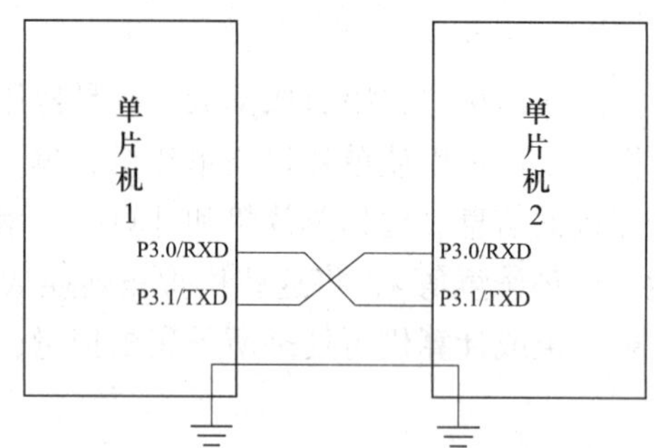


图 7－1－1　MCS－51 系列单片机双机通信示意图

## 相关知识

计算机通信是指计算机与外部设备或计算机与计算机之间的信息交换，主要有并行通信和串行通信两种方式。并行通信是将数据同时通过并行线进行传送，串行通信是将数据在一条传输线上逐个传送。并行通信传输速率较快，但通信距离较短。串行通信传输速率较慢，但通信距离远，抗干扰能力较强。本项目主要介绍串行通信。

### 一、串行通信方式

按数据传送的方式，串行通信方式分为异步通信和同步通信两种基本形式。

#### 1. 异步通信

异步通信是指通信的发送与接收设备使用各自的时钟控制数据的发送和接收过程。为使双方的收发协调，要求发送和接收设备的时钟尽可能一致，异步通信示意图如图 7－1－2 所示。

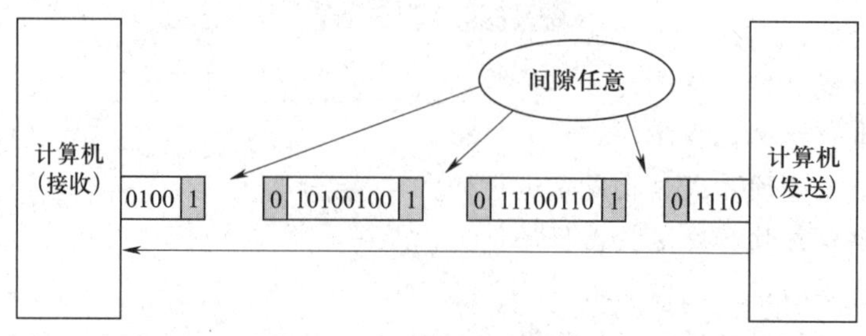


图 7－1－2　异步通信示意图

### 2. 同步通信

同步通信时要建立发送方时钟对接收方时钟的直接控制，使双方达到完全同步。此时，传输数据的位之间的距离均为“位间隔”的整数倍，同时传送的字符间不留间隙，即保持位同步关系，也保持字符同步关系。发送方对接收方的同步可以通过两种方法实现，如图 7-1-3 所示。

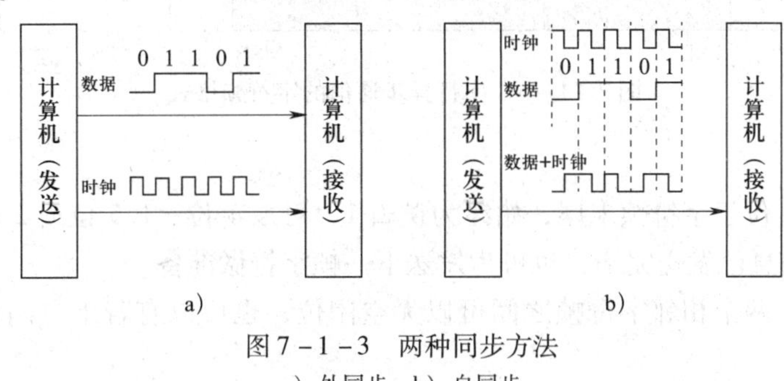


图 7-1-3 两种同步方法

a）外同步 b）自同步

## 二、串行通信的数据传输方式

串行通信的数据传输方式有单工、半双工和全双工三种，如图 7-1-4 所示。

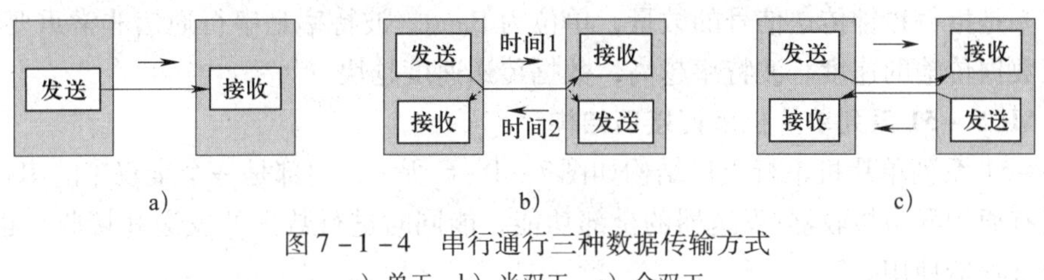


图 7-1-4 串行通行三种数据传输方式

a）单工 b）半双工 c）全双工

单 工——是指数据只能单向传输。

半双工——是指数据能双向传输，但不能同时双向传输。

全双工——是指数据可以同时进行双向传输。

## 三、字符帧和波特率

在串行通信中，字符帧格式和波特率是两个重要的指标，由用户根据实际情况选定。

### 1. 字符帧

在串行异步通信中，数据通常以字符（或字节）为单位组成字符帧传送。字符帧也称数据帧，由起始位、数据位、奇偶校验位和停止位 4 部分组成，其中起始位、数据位和停止位是必需的，而奇偶校验位可以根据实际要求决定是否采用。串行异步通信的字符帧格式如图 7-1-5 所示。

各部分的功能和结构如下：

（1）起始位。位于字符帧开头，占 1 位，始终为逻辑 0，用于向接收端表示发送端开始发送一帧信息。

（2）数据位。紧跟起始位之后，一般为 8 位，低位（LSB）在前。

（3）奇偶校验位。位于数据位后，占 1 位，用于表示串行通信中采用奇偶校验，根据

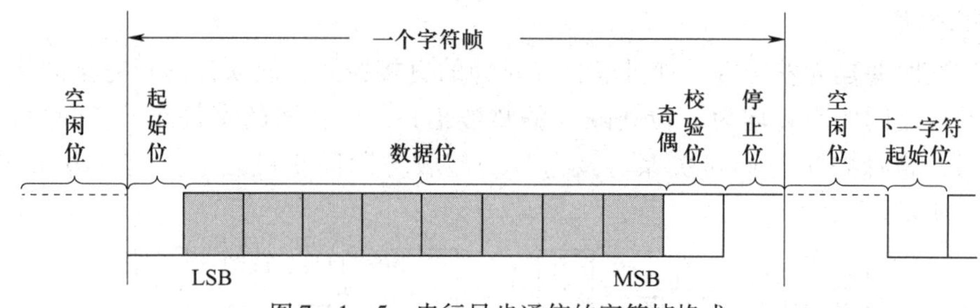

图7－1－5　串行异步通信的字符帧格式

实际需要设定。

（4）停止位。位于字符帧末尾，始终为逻辑1，可取1位、1.5位或2位，用于向接收端表示一帧字符信息已发送完毕，也可为发送下一帧字符做准备。

（5）空闲位。两个相邻字符帧之间可以无空闲位，也可以有若干空闲位，根据实际需要设定。

注意：上述逻辑0不一定就是低电平，同样逻辑1不一定就是高电平，要根据具体的协议决定，如在RS-232C中采用的就是负逻辑。

**2. 波特率**

波特率是指每秒钟传送信号的数量，单位为Baud。波特率是串行通信非常重要的指标，用于表征数据传输的速度。波特率越高，数据传送速度越快。

## 四、MCS－51系列单片机串行接口结构

MCS－51系列单片机串行接口结构如图7－1－6所示，内部是一个全双工的串行通信接口，它具有通用异步接收器/发送器的全部功能，能同时进行数据的发送和接收，也可作为同步移位寄存器使用。

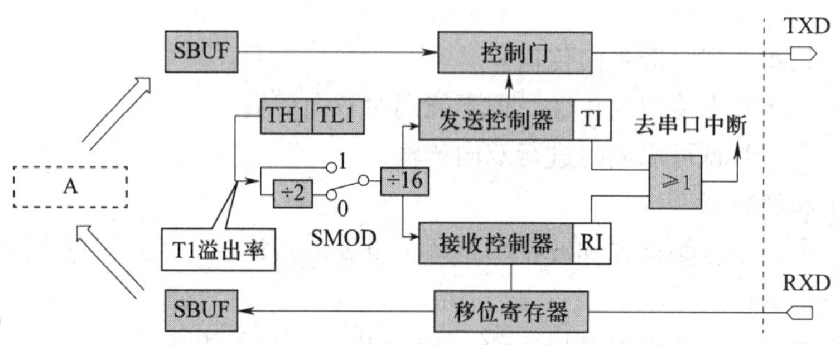

图7－1－6　MCS－51系列单片机串行接口结构

SBUF是串口缓冲寄存器，发送数据的SBUF，称为串口发送缓冲寄存器。接收数据的SBUF，称为串口接收缓冲寄存器。波特率由T1溢出率决定。

## 五、MCS－51系列单片机串行口有关的特殊功能寄存器

**1. 串行口控制寄存器SCON**

与串行口紧密相关的一个特殊功能寄存器是串行口控制寄存器SCON，它用来设定串行口的工作方式、接收/发送控制以及设置状态标志等。串行口控制寄存器SCON位符号见表7－1－1。

表 7－1－1　　串行口控制寄存器 SCON 位符号

| 位序号 | D7 | D6 | D5 | D4 | D3 | D2 | D1 | D0 |
| --- | --- | --- | --- | --- | --- | --- | --- | --- |
| 位符号 | SM0 | SM1 | SM2 | REN | TB8 | RB8 | TI | RI |

其中，SM0、SM1 是工作方式选择位，串行口有 4 种工作方式，它们由 SM0，SM1 设定，见表 7－1－2。

表 7－1－2　　串行口工作方式

| SM0 | SM1 | 方式 | 功能说明 |
| --- | --- | --- | --- |
| 0 | 0 | 0 | 同步移位寄存器方式（通常用于扩展 I/O 口），波特率固定 |
| 0 | 1 | 1 | 10 位异步收发（8 位数据），波特率可变（由定时器 T1 的溢出率控制） |
| 1 | 0 | 2 | 11 位异步收发（9 位数据），波特率固定 |
| 1 | 1 | 3 | 11 位异步收发（9 位数据），波特率可变（由定时器 T1 的溢出率控制） |

SM2 是多机通信控制位，主要用于方式 2 和方式 3。当串行口工作于方式 2 或 3，以及 SM2＝1 时，只有当接收到第 9 位数据（RB8）为 1 时，才把接收到的前 8 位数据送入 SBUF，且置位 RI 发出中断申请，否则会将接收到的数据放弃。当 SM2＝0 时，就不管第 9 位数据是 0 还是 1，都会将数据送入 SBUF，并发出中断申请。

REN 是允许串行接收位。当 REN＝1 时，允许串行口接收数据；当 REN＝0 时，禁止串行口接收数据。该位可以由软件来设定。

TB8 是方式 2，3 中发送数据的第 9 位，可作为奇偶校验位。

RB8 是方式 2，3 中接收数据的第 9 位。

TI 是发送中断标志位。在方式 0 中，发送完第 8 位数据时，由硬件自动置位。其他方式中，在发送停止位之初，由硬件自动置位。TI＝1 时，申请中断，CPU 响应中断后，发送下一帧数据。在任何方式中，TI 都必须由软件先清零。

RI 是接收中断标志位。在方式 0 中，接收到第 8 位结束时置 1。其他方式中，接收到停止位时置 1，要求 CPU 取走数据。在任何方式中，都必须由软件清 0。在系统复位时，SCON 中的所有位都被清 0。

**【例】** 设置串口工作在方式 1

SCON 只需要将 SM0 和 SM1 设置为 0 和 1 即可，其他位可以全部置 0，见表 7－1－3。

表 7－1－3　　串口工作方式 1 的 SCON 位设置

| 位符号 | SM0 | SM1 | SM2 | REN | TB8 | RB8 | TI | RI |
| --- | --- | --- | --- | --- | --- | --- | --- | --- |
| 数字 | 0 | 1 | 0 | 0 | 0 | 0 | 0 | 0 |

SCON 设置语句如下：

```
MOV SCON,#40H
```

或者也可以用位设置语句：

```
CLR SM0
SETB SM1
```

**2. 电源管理寄存器 PCON**

PCON 用来管理单片机的电源部分，包括上电复位检测、掉电模式、空闲模式等，PCON 中只有一位 SMOD 与串行口工作有关。单片机复位时，PCON 全部被清 0。电源管理寄存器 PCON 位符号见表 7-1-4。

**表 7-1-4　　电源管理寄存器 PCON 位符号**

| 位序号 | D7 | D6 | D5 | D4 | D3 | D2 | D1 | D0 |
|---|---|---|---|---|---|---|---|---|
| 位符号 | SMOD | （SMOD0） | （LVDF） | （POF） | GF1 | GF0 | PD | IDL |

SMOD 与串行口通信波特率有关。

当 SMOD=0 时，串口方式为 1、2、3 时，波特率正常。

当 SMOD=1 时，串口方式为 1、2、3 时，波特率加倍。

**六、波特率与定时器初值**

在串行通信中，收、发双方对发送或接收数据的速率要有约定。通过编程可对单片机串行口设定 4 种工作方式，其中方式 0 和方式 2 的波特率是固定的，而方式 1 和方式 3 的波特率是可变的，由定时器 T1 的溢出率来决定。由于移入的移位时钟的来源不同，所以每种方式的波特率计算公式也不相同，以下是 4 种工作方式波特率的计算公式。

方式 0 的波特率 $=f_{OSC}/12$

方式 1 的波特率 = $(2^{SMOD}/32)\times$（T1 溢出率）

方式 2 波特率 = $(2^{SMOD}/64)\times f_{OSC}$

方式 3 的波特率 = $(2^{SMOD}/32)\times$（T1 溢出率）

式中，$f_{OSC}$ 为系统晶振频率，通常为 12 MHz 或 11.0592 MHz；SMOD 是 PCON 寄存器的最高位；T1 溢出率即定时器 T1 溢出的频率。

表 7-1-5 列出了串口方式 1，定时器 T1 方式 2 产生常用波特率时，TL1 和 TH1 中所装入的初值。

**表 7-1-5　　常用波特率初值表**

| 波特率（Baud） | 晶振（MHz） | 初值 | | 误差（%） | 晶振（MHz） | 初值 | | 误差（12MHz 晶振）（%） | |
|---|---|---|---|---|---|---|---|---|---|
| | | （SMOD=0） | （SMOD=1） | | | （SMOD=0） | （SMOD=1） | （SMOD=0） | （SMOD=1） |
| 300 | 11.059 2 | 0xA0 | 0x40 | 0 | 12 | 0x98 | 0x30 | 0.16 | 0.16 |
| 600 | 11.059 2 | 0xD0 | 0xA0 | 0 | 12 | 0xCC | 0x98 | 0.16 | 0.16 |
| 1 200 | 11.059 2 | 0xE8 | 0xD0 | 0 | 12 | 0xE6 | 0xCC | 0.16 | 0.16 |
| 1 800 | 11.059 2 | 0xF0 | 0xE0 | 0 | 12 | 0xEF | 0xDD | 2.12 | -0.79 |
| 2 400 | 11.059 2 | 0xF4 | 0xE8 | 0 | 12 | 0xF3 | 0xE6 | 0.16 | 0.16 |
| 3 600 | 11.059 2 | 0xF8 | 0xF0 | 0 | 12 | 0xF7 | 0xEF | -3.55 | 2.12 |
| 4 800 | 11.059 2 | 0xFA | 0xF4 | 0 | 12 | 0xF9 | 0xF3 | -6.99 | 0.16 |

续表

| 波特率（Baud） | 晶振（MHz） | 初值 | | 误差（%） | 晶振（MHz） | 初值 | | 误差（12MHz 晶振）（%） | |
|---|---|---|---|---|---|---|---|---|---|
| | | （SMOD＝0） | （SMOD＝1） | | | （SMOD＝0） | （SMOD＝1） | （SMOD＝0） | （SMOD＝1） |
| 7 200 | 11.059 2 | 0xFC | 0xF8 | 0 | 12 | 0xFC | 0xF7 | 8.51 | －3.55 |
| 9 600 | 11.059 2 | 0xFD | 0xFA | 0 | 12 | 0xFD | 0xF9 | 8.51 | －6.99 |
| 14 400 | 11.059 2 | 0xFE | 0xFC | 0 | 12 | 0xFE | 0xFC | 8.51 | 8.51 |
| 19 200 | 11.059 2 | — | 0xFD | 0 | 12 | — | 0xFD | — | 8.51 |
| 28 800 | 11.059 2 | 0xFF | 0xFE | 0 | 12 | 0xFF | 0xFE | 8.51 | 8.51 |

实际使用中，一般用 51 波特率计算器自动计算，如图 7－1－7 所示波特率计算器，在晶振参数设定为 11.0592 MHz 后，选择波特率，如 9 600 Baud，点击计算自动列出标准波特率对应的定时器 T1 初始值为 FD。

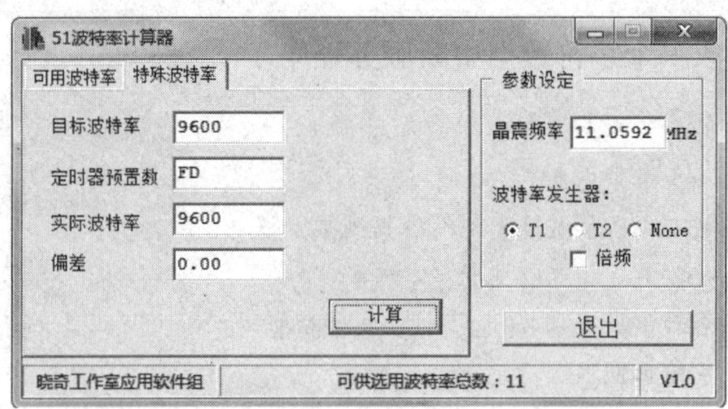


图 7－1－7 波特率计算器

## 七、UART 使用步骤

### 1. 设置串口工作模式

SCON 的 SM0＝0，SM1＝1 使其工作于模式 1，当 REN＝1 时能接收。

### 2. 根据波特率计算公式设置波特率（方式 0 除外）

注意，需要使定时器 T1 工作于自动重装模式。使用定时器 T2（MCS－52 系列单片机）可以达到较高的波特率。

### 3. 波特率是否需要倍速（方式 0 除外）

如果使用定时器 T1 做波特率发生器且倍速后方能满足波特率要求，则需要 MOV PCON，#80H。PCON 不影响定时器 T2 产生的波特率。

### 4. 串口中断

串口发送一般会采用查询方式，串口接收一般采用中断模式。ES＝1 时可以打开串口中断，随后当 EA＝1 时打开全局中断。注意，要写好中断服务函数，而且 51 单片机的串口收发中断共用，因此中断服务函数中需要判断 TI 与 RI 的值。中断向量标号是 4。

### 5. 写入/读取数据

向 SBUF 写入数据启动串口发送，读 SBUF 可以取出接收到的数据。

**【例】** 设置接收单片机串口工作在方式 1，晶振为 11.0592 MHz，波特率选择为 9 600 Baud。

串口设置语句：

```
MOV  SCON,#50H  ;设置串口为工作方式1,REN置1,允许接收
MOV  TMOD,#20H  ;设置T1为工作方式2,定时功能,自动重装模式
MOV  TH1,#0FDH  ;设置波特率为9 600 Baud,装载初值
MOV  TL1,#0FDH  ;设置波特率为9 600 Baud,装载初值
SETB  TR1       ;开启定时器T1,开始定时计数
```

【例】UART串行口发送字符数据子函数

```
SEND:
     MOV  SBUF,A  ;累加器A中值送到SBUF中发送数据
     JNB  TI,$    ;等待字符帧发送结束(TI标志置1)
     CLR  TI      ;发送完毕,清除发送中断标志位(TI=0),
     RETI         ;中断返回
```

【例】串口中断接收一个字符数据中断服务程序

```
UART:
     CLR  ES       ;停止串口中断
     MOV  A,SBUF   ;从SBUF取出接收到的数据到累加器A
     CLR  RI       ;接收数据中断标志位RI清零
     SETB  ES      ;启动串口中断,等待下一次接收数据
     RETI          ;中断返回
```

## 任务实施

### 一、任务准备

准备安装有单片机开发软件的工作台、开发板，用户手册和学生用书。

### 二、双机串行通信硬件电路设计

双机串行通信硬件电路如图7-1-8所示，其中接收单片机U1（从机）的P2口接8颗LED灯，发送单片机U2（主机）的P1口接两个开关，检测开关状态，通过串口发送相应的控制数据，从机通过串口中断接收控制数据，控制P2口上LED灯的闪烁和熄灭。从机U1的P3.0/RXD引脚连接主机U2的P3.1/TXD引脚，从机U1的P3.1/TXD引脚连接主机U2的P3.0/RXD引脚。

### 三、双机串行通信程序设计

#### 1. 程序设计思路

在双机串行通信中，单片机U2作为主机，设置有LED闪烁和熄灭按键S1、S2，当按键按下时利用串口发送数据给从机U1起到控制LED灯的作用，单片机U1作为从机，用中断方式接收主机发送来的数据，并根据接收到的控制数据来控制LED灯的闪烁或熄灭，主、从机的串口速率及通信方式等设置一致。主机U2的P1.0和P1.1分别接S1和S2两个按键开关，当S1按下时，串口发送数据01H，控制从机的LED灯闪烁；而当S2按下时，串口

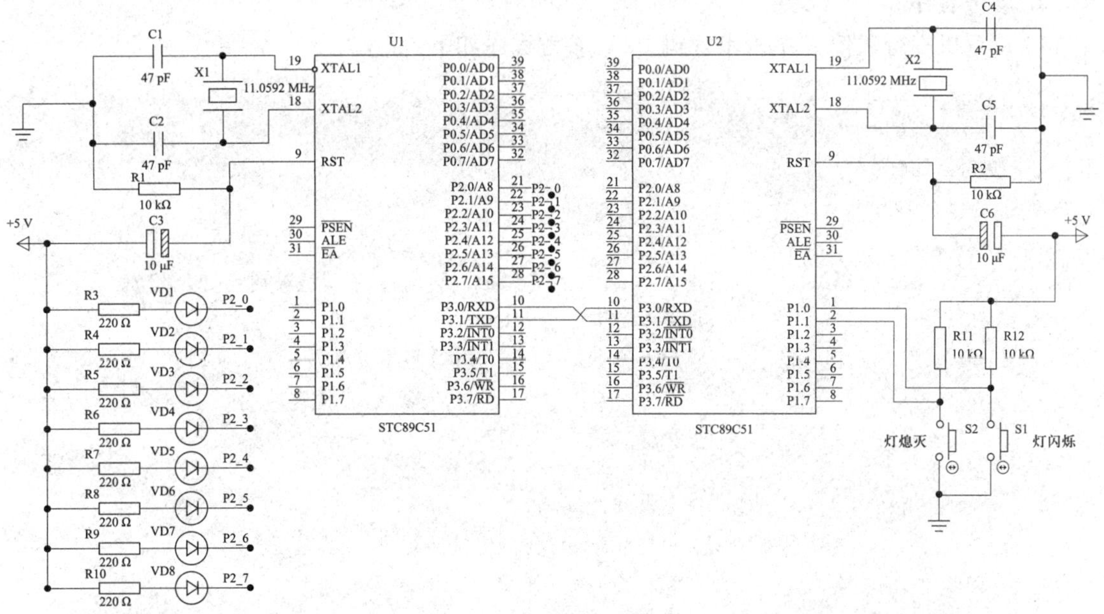


图 7－1－8　双机串行通信硬件电路

发送数据 02H，控制从机的 LED 灯熄灭。主、从机的晶振为 $f_{osc}=11.0592$ MHz，设置通信方式为 1，波特率选择为 9600 Baud，计算可知定时器 T1 的 TH1、TL1 初值为 FDH。双机串行通信程序设计流程图如图 7－1－9 所示。

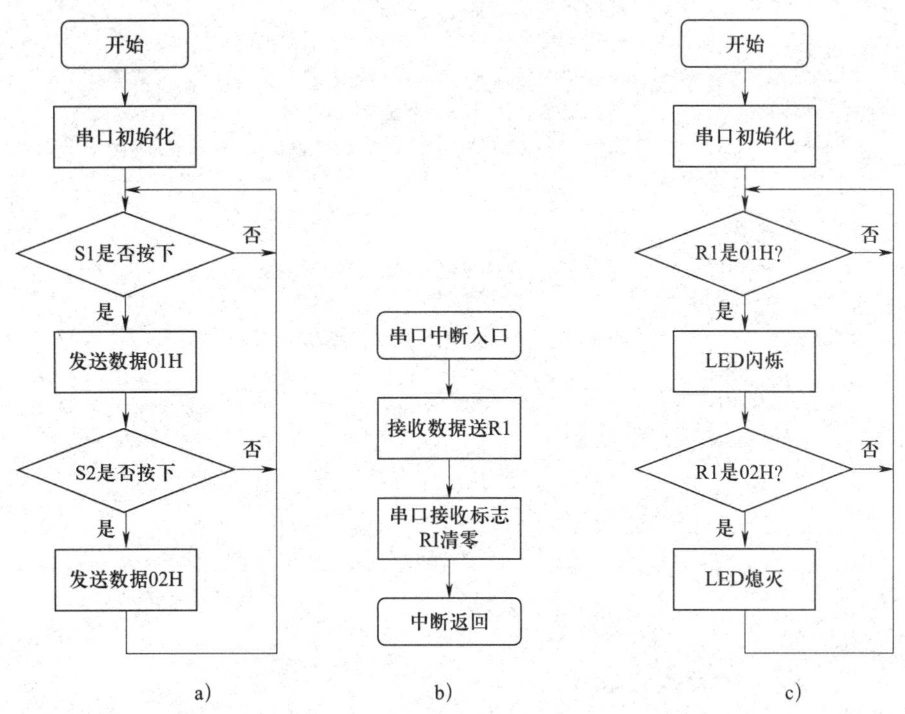


图 7－1－9　双机串行通信程序设计流程图

a）主机 U2 主程序　b）从机 U1 串口中断程序　c）从机 U1 主程序

**2. 参考程序**

（1）双机串行通信（主机单片机 U2）参考程序如下：

```
        SHAN  BIT  P1.0       ;定义闪烁指令按键名为 SHAN
        STOP  BIT  P1.1       ;定义熄灭指令按键名为 STOP
        ORG  0000H
        JMP  START
        ORG  0030H
START:  MOV  TMOD,#20H        ;设置 T1 为工作方式 2,定时功能,自动重装模式
        MOV  TH1,#0FDH        ;设置波特率为 9 600 Baud,装载初值
        MOV  TL1,#0FDH        ;设置波特率为 9 600 Baud,装载初值
        MOV  SCON,#50H        ;设置串口为工作方式 1,REN 置 1,允许接收
        MOV  PCON,#00H        ;不倍增波特率
        SETB  EA              ;开启总中断
        SETB  ES              ;开启串行口中断
        SETB  TR1             ;启动定时器 T1,开始定时计数
        CLR  TI               ;清零发送中断标志位
        CLR  RI               ;清零接收中断标志位
STA:    JB  SHAN,STO          ;闪烁指令按键是否按下,否则跳转至 STO
        LCALL  DELAY          ;延时 10 ms,消抖
        JB  SHAN,STO          ;再次判断闪烁指令按键是否按下,否则跳转至 STO
        MOV  A,#01H           ;将闪烁 LED 的控制指令数据 01H 送 A
        JNB  SHAN,$           ;闪烁指令按键松手判断
        MOV  SBUF,A           ;将发送指令数据送 SBUF,发送数据
        JNB  TI,$             ;等待数据发送完毕,TI 发送中断标志位为 0,则等待
        CLR  TI               ;数据发送完毕后,清零 TI 发送中断标志位
STO:    JB  STOP,  STA        ;熄灭指令按键是否按下,否则跳转至 STA
        LCALL  DELAY
        JB  STOP,  STA
        MOV  A,  #02H         ;将熄灭 LED 的控制指令数据 02H 送 A
        JNB  STOP,  $
        MOV  SBUF,  A         ;将停止指令数据送 SBUF,发送数据
        JNB  TI,$
        CLR  TI
        JMP  STA
DELAY:  MOV  R5,#1            ;延时 10 ms 子程序
DE1:    MOV  R6,#20
DE2:    MOV  R7,#248
        DJNZ  R7,$
        DJNZ  R6,DE2
        DJNZ  R5,DE1
        RET
        END
```

（2）双机串行通信（从机单片机 U1）示例程序如下：

```
        ORG  0000H
        JMP  START
        ORG  0023H          ;串口中断入口地址
        LJMP  UART          ;跳转至串行口中断标号
        ORG  0030H
START:  MOV  TMOD,#20H      ;设置 T1 为工作方式 2,定时功能,自动重装模式
        MOV  TH1,#0FDH      ;设置波特率为 9 600 Baud,装载初值
        MOV  TL1,#0FDH
        MOV  SCON,  #50H    ;设置串行口工作于方式 1,允许接收
        MOV  PCON,  #00H    ;波特率不加倍
        SETB  EA
        SETB  ES
        SETB  TR1
        CLR  TI
        CLR  RI
LOOP:   MOV R1,#00H         ;将接收数据 R1 清零
STA:    CJNE R1,#01H,STO    ;若 R1 数据不是闪烁指令数据,则跳转至 STO
        MOV  P2,#00H        ;是闪烁指令,LED 灯全亮
        LCALL  DELAY        ;延时 300 ms
        MOV  P2,#0FFH       ;LED 灯全灭
        LCALL  DELAY        ;延时 300 ms
        LJMP  STA           ;跳转至 STA
STO:    CJNE R1,#02H,STA    ;若 R1 数据不是熄灭指令,则跳转至 STA
        MOV P2,#0FFH        ;是熄灭指令,LED 灯全灭
        LJMP  STO           ;跳转至 STO
DELAY:  MOV  R5,#30         ;延时 300 ms 子程序
DE1:    MOV  R6,#20
DE2:    MOV  R7,#248
        DJNZ  R7,$
        DJNZ  R6,DE2
        DJNZ  R5,DE1
        RET
UART:   CLR  ES             ;关闭串行口中断
        MOV  R1,SBUF        ;将 SBUF 接收数据送 R1
        CLR  RI             ;清零接收中断标志位
        SETB  ES            ;开启串行口中断
        RETI                ;中断返回
        END
```

## 四、程序编译与仿真

程序编写完成后，用 Keil 编译软件进行编译，生成 hex 文件。在 Proteus 仿真软件中按图 7 - 1 - 8 所示电路图绘制硬件电路，并将 hex 文件载入单片机中进行仿真运行，观察单片机运行结果，检验程序和电路设计是否达到设计的要求。双机通信仿真效果图如图 7 - 1 - 10 所示。

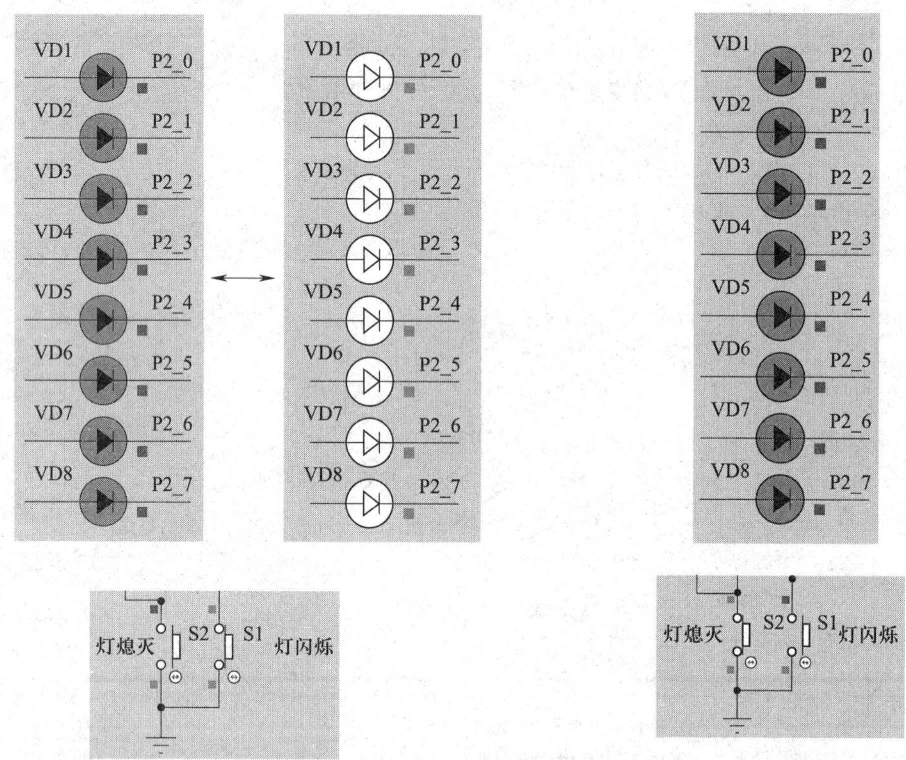


图 7 - 1 - 10　双机通信仿真效果图

## 五、开发板调试（选做）

把 hex 文件用 ISP 软件分别下载到两块开发板，拨动开关观察运行双机串行通信控制 LED 灯闪烁和熄灭效果，如双机串行通信控制异常，检查原因，解决问题，直到控制效果与要求相符为止。

不同型号开发板的开关接口电路各有不同，请查阅资料，修改程序，在开发板上调试，直到双机通信效果符合要求。

## 六、填写学生用书

按照要求完成学生用书的填写。

## 任务评价

根据任务考核评分表（见表7-1-6）进行任务评价。

**表7-1-6　　任务考核评分表**

| 评价项目 | 评价标准 | 配分（分） | 自我评价 | 小组评价 | 教师评价 |
|---|---|---|---|---|---|
| 职业素养 | 安全意识、责任意识、服从意识强 | 5 | | | |
| | 积极参加教学活动，按时完成各项学习任务 | 5 | | | |
| | 团队合作意识强，善于与人交流和沟通 | 5 | | | |
| | 自觉遵守劳动纪律，尊敬师长，团结同学 | 5 | | | |
| | 爱护公物，节约材料，工作环境整洁 | 5 | | | |
| 专业能力 | 硬件电路绘制不正确，每错一处扣3分 | 15 | | | |
| | 指令格式应用错误，每错一处扣3分 | 15 | | | |
| | 程序编写不正确，每错一处扣5分 | 25 | | | |
| | 程序编译与仿真不符合任务要求，每项扣5分 | 20 | | | |
| 合计 | | 100 | | | |
| 总评分 | | 综合等级 | | 教师（签名） | |

注：学习任务评价采用自我评价、小组评价和教师评价三种方式，总评分 = 自我评价 ×20% + 小组评价 ×20% + 教师评价 ×60%，评价等级分为 A（90~100）、B（80~89）、C（70~79）、D（60~69）、E（0~59）五个等级。

# 单片机综合应用

本项目是在学习了单片机各基本功能应用的基础上，通过利用单片机设计一些较完整的实践性项目，以进一步加强单片机知识的综合应用能力及单片机应用系统的开发和设计能力。

## 任务1 篮球赛计分器设计与制作

### 学习目标

1. 能设计手动按键数码管显示计分器电路。
2. 能编写和调试计分器程序。
3. 能完成篮球赛计分器硬件安装、软硬件统调。
4. 能与他人合作完成项目设计报告书。
5. 能分析总结计分器制作流程，阐述分享给其他同学。

### 任务引入

体育比赛计分系统是对体育比赛过程中所产生的时间、比分等数据进行快速采集记录、加工处理和传递利用的信息系统，如图 8－1－1 所示。根据不同运动项目的比赛规则要求，体育比赛的计时计分系统包括测量类、评分类、命中类、制胜类、得分类等多种类型。篮球比赛是根据运

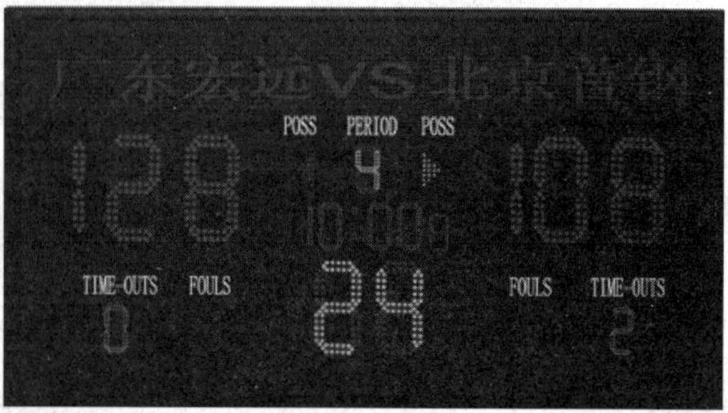


图 8－1－1　常见的篮球赛比赛计分系统

动员在规定的比赛时间里得分多少来决定胜负的，因此，篮球比赛的计时系统是一种得分类系统。本任务要求设计简易版篮球比赛计分系统，实现手动按键加减计分功能，数码管显示比分。

根据简易篮球赛计分器设计要求，可采用单片机外接按键调整计分，数码管显示比赛双方比分的设计方案。最少选用 6 个 LED 数码管，每队 3 个 LED 数码管显示分数，分数范围可达 0 ~ 999 分；为了配合计分器调整比分，可设立 5 个按键，其中 4 个用于输入甲、乙两队的分数；另一个实现清零功能。

## 任务实施

### 一、任务准备

准备安装有单片机开发软件的工作台、开发板，简易篮球赛计分器套件，焊接工具，提供在线查询资料的方法、多媒体资料和学生用书。

### 二、篮球赛计分器硬件电路设计

篮球赛计分器硬件电路如图 8－1－2 所示，单片机采用 STC89C51RC，数码管可选用两

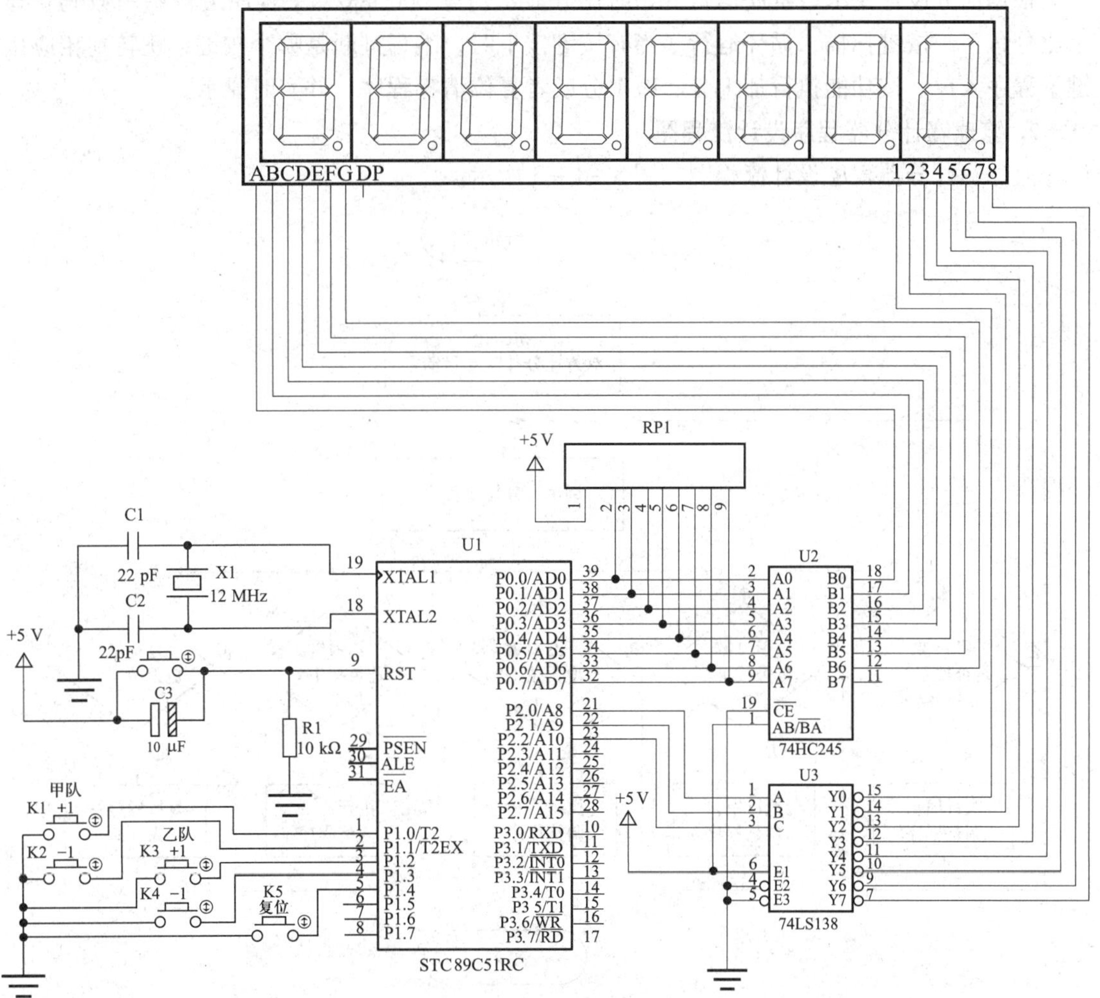


图 8－1－2　篮球赛计分器硬件电路

个 4 位数码管显示比赛双方的比分（仿真时选用 8 位数码管代替两个 4 位数码管）。单片机 P0 口数据通过 74HC245 数据缓存器输出到数码管的段码，8 位数码管位码控制由 P2 端口的 P2.0 ~ P2.2 控制 74LS1383 - 8 译码器来实现。P1 口连接 5 个独立按键 K1 ~ K5，其中 4 个用于输入甲、乙两队的行数，另外 1 个则用于清零功能。K1 键：完成甲队加 1 分操作；K2 键：完成甲队减 1 分操作；K3 键：完成乙队加 1 分操作；K4 键：完成乙队减 1 分操作；K5 键：比分清零。

硬件电路中设计减分操作主要是为了预防误按，进行数据回滚操作，实际篮球比赛中并不存在减分操作。

## 三、篮球赛计分器程序设计

### 1. 篮球赛计分器程序设计思路

根据任务设计要求，程序运行开始时比分显示清零 000 000，主程序运行调用数码管显示比分程序，按键扫描，循环运行。当有按键按下时，编程判断是哪个按键，跳转到相应按键子程序入口，按功能执行加 1 分、减 1 分或者复位清零程序，并实时显示。

### 2. 篮球赛计分器程序设计流程图

篮球赛计分器程序设计流程图如图 8 - 1 - 3 所示。

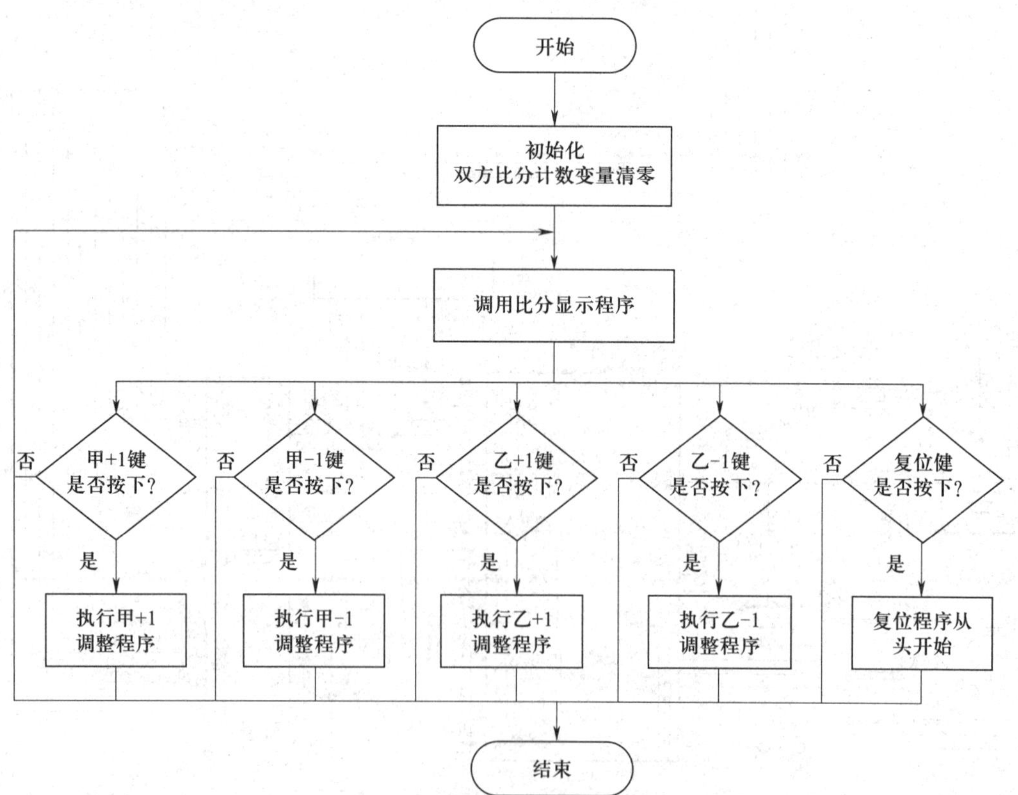


图 8 - 1 - 3　篮球赛计分器程序设计流程图

### 3. 篮球赛计分器参考程序

```
/*****************************************
*程序名:基于汇编语言的51单片机篮球赛计分器设计
*****************************************/
;符号名定义
K1  BIT  P1.0  ;甲队+1分
K2  BIT  P1.1  ;甲队-1分
K3  BIT  P1.2  ;乙队+1分
K4  BIT  P1.3  ;乙队-1分
K5  BIT  P1.4  ;复位键
JIA  EQU  30H  ;甲队比分
YI  EQU  31H  ;乙队比分
ORG 0000H
AJMP START
;******************主程序*************************
ORG  0100H
START:         MOV  JIA,  #0  ;比赛开始前甲、乙队计分清零
               MOV  YI,  #0
DISP:          LCALL  DISPLAY  ;显示比分
;*******;判断是否有计分按键按下,判断哪一个键按下*******
               MOV  P1,  #0FFH    ;P1脚置成高电平
               JNB  K1,  SS1
               JNB  K2,  SS2
               JNB  K3,  SS3
               JNB  K4,  SS4
               JNB  K5,  SS5
               LJMP  DISP       ;如果没有按键按下重新检测
SS1:           MOV  R7,  #10     ;K1按键延时消抖
               LCALL  DELAY
               JB  K1,  DISP  ;确实有按键按下进入按键处理,否则为干扰重新检测
               INC  JIA     ;甲队比分加1
               LJMP  JJ1  ;等待按键弹起来
SS2:           MOV  R7,#10     ;K2按键延时消抖
               LCALL  DELAY
               JB  K2,  DISP
               MOV  A,  JIA  ;判断乙队比分是否到0分
               JZ  JJ2
               DEC  JIA       ;甲队比分-1分
               LJMP  JJ2
SS3:    -      MOV  R7,  #10     ;K3按键延时消抖
```

```
            LCALL  DELAY
            JB  K3,  DISP
            INC  YI     ;乙队比分加1
            LJMP  JJ3
SS4:        MOV R7,  #10     ;K4 按键延时消抖
            LCALL  DELAY
            JB  K4,  DISP
            MOV  A,  YI  ;判断乙队比分是否到 0 分
            JZ  JJ4
            DEC  YI      ;乙队比分 -1 分
            LJMP  JJ4
SS5:        MOV  R7,  #10
            LCALL  DELAY  ;
            JB  K5,  DISP
            LJMP  START
;**********等待按键抬起**********
JJ1:         JB  K1,  DISP
             LCALL  DISPLAY
             SJMP  JJ1
JJ2:         JB  K2,DISP
             LCALL  DISPLAY
             SJMP  JJ2
JJ3:         JB  K3,DISP
             LCALL  DISPLAY
             SJMP  JJ3
JJ4:         JB  K4,  DISP
             LCALL  DISPLAY
             SJMP  JJ4
;*********比分显示控制子程序*********
DISPLAY:
             MOV  DPTR,  #TABLE
             MOV  R2,#00H
             MOV  A,  JIA;计算甲队百十个位比分数据存放到地址 32H-34H 中
             MOV  B,  #100
             DIV  AB
             MOV  32H,  A
             MOV  A,  B
             MOV  B,  #10
             DIV  AB
             MOV  33H,  A
```

```
        MOV  A, B
        MOV  34H, A
        MOV  A, YI      ;计算乙队百十个位比分数据存放到地址35H-37H中
        MOV  B, #100
        DIV  AB
        MOV  35H, A
        MOV  A, B
        MOV  B, #10
        DIV  AB
        MOV  36H, A
        MOV  A, B
        MOV  37H, A
        MOV  R0,#32H
DI2:    MOV  A, @R0
        MOVC  A, @A+DPTR
        MOV  P0, A        ;显示甲乙分数
        MOV  P2, R2
        MOV  R7, #5       ;延时5 ms
        LCALL  DELAY
        MOV  P0, #0       ;消隐
        INC  R0
        INC  R2
        CJNE  R2, #3, DI3
        MOV  P0, #40H
        MOV  P2, R2
        MOV  R7, #5       ;延时5 ms
        LCALL  DELAY
        MOV  P0, #0       ;消隐
        INC  R2
DI3:    CJNE  R2, #4, DI4
        MOV  P0, #40H
        MOV  P2, R2
        MOV  R7, #5       ;延时5 ms
        LCALL  DELAY
        MOV  P0, #0       ;消隐
        INC  R2
DI4:    CJNE R2,#8,DI2
        RET
;*******延时子程序*******
DELAY:  MOV R6,#5
```

```
DE:         MOV R5,#100
            DJNZ  R5,$
            DJNZ  R6,DE
            DJNZ  R7,DELAY
            RET
;***数码管显示数字数组**
TABLE:      DB  3FH,06H,5BH,4FH,66H,6DH,7DH,07H,7FH,6FH
            END
```

### 四、程序编译与仿真

程序编写完成后，用 Keil 编译软件进行编译，生成 hex 文件。在 Proteus 仿真软件中按图 8－1－2 所示电路图绘制硬件电路，并将 hex 文件载入单片机中进行仿真运行，观察单片机运行结果，检验程序和电路设计是否达到设计的要求。图 8－1－4 所示为篮球赛计分器仿真效果图。

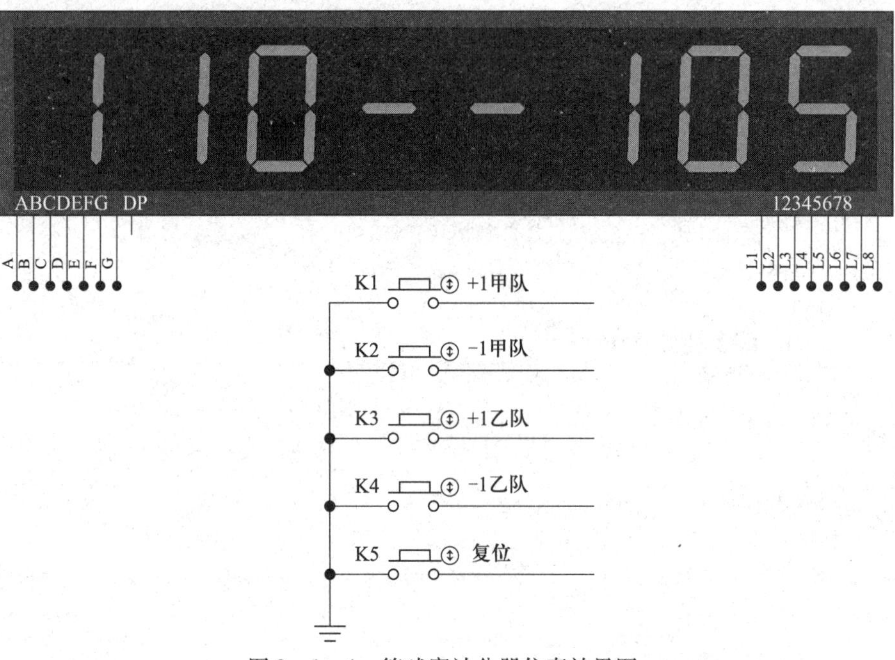


图 8－1－4　篮球赛计分器仿真效果图

### 五、硬件组装和测试（选做）

#### 1. 元器件清单

组装篮球赛计分器所需元器件清单见表 8－1－1。

**表 8－1－1　　组装篮球赛计分器所需元器件清单**

| 序号 | 元器件名称 | 规格型号 | 数量 |
|---|---|---|---|
| 1 | 单片机 | STC89C51RC 单片机 | 1 |
| 2 | 瓷片电容 | 47 pF | 2 |

续表

| 序号 | 元器件名称 | 规格型号 | 数量 |
|---|---|---|---|
| 3 | 电解电容 | 10 μF，16 V | 1 |
| 4 | 电阻 | 10 kΩ，1/4 W | 1 |
| 5 | 晶振 | 12 MHz | 1 |
| 6 | 电源 | 5 V | 1 |
| 7 | 排阻 | 9 A－301J，9 脚 | 1 |
| 8 | 74HC245 | SN74HC245N，直插 DIP20 | 1 |
| 9 | 74LS138 | SN74LS138N，DIP－16 | 1 |
| 10 | 轻触按键 | 6 mm×6 mm×5 mm，4 脚 | 6 |
| 11 | 共阴极数码管 | SMA420561KX－2，4 位数码管 | 2 |
| 12 | 接线端子 | DG128 KF128－2P 间距 5.08 mm 300 V/10 A | 1 |
| 13 | 万用板 | 10 cm×16 cm | 1 |

**2. 硬件组装**

篮球赛计分器的设计是在单片机最小系统的基础上添加外围电路，显示部分由 74HC245 和 74LS138 以及两块 4 位共阴极数码管组成。在焊接过程中，需要合理安排信号线走线，避免短路。组装完成的篮球赛计分器实物图如图 8－1－5 所示。

图 8－1－5　篮球赛计分器实物图

**3. 程序烧录下载**

将汇编语言源程序编译生成的 hex 文件通过数据线下载到 STC89C51RC 单片机中。

**4. 功能测试**

将已下载 hex 文件数据的 STC89C51RC 单片机芯片插装到 IC 座上，按任务功能按下相应的按键，测试是否能正常实现计分功能。

**六、填写学生用书**

按照要求完成学生用书的填写。

## 任务评价

根据任务考核评分表（见表 8－1－2）进行任务评价。

**表 8－1－2　　任务考核评分表**

| 评价项目 | 评价标准 | 配分（分） | 自我评价 | 小组评价 | 教师评价 |
|---|---|---|---|---|---|
| 职业素养 | 安全意识、责任意识、服从意识强 | 5 | | | |
| | 积极参加教学活动，按时完成各项学习任务 | 5 | | | |
| | 团队合作意识强，善于与人交流和沟通 | 5 | | | |
| | 自觉遵守劳动纪律，尊敬师长，团结同学 | 5 | | | |
| | 爱护公物，节约材料，工作环境整洁 | 5 | | | |
| 专业能力 | 语句格式应用错误，每错一处扣 2 分 | 10 | | | |
| | 不会用电子仪表检测元器件好坏，每个扣 1 分 | 5 | | | |
| | 元器件位置、引脚焊接错误，每个扣 1 分 | 10 | | | |
| | 焊接粗糙、拉尖、焊锡残渣，每处扣 1 分 | 5 | | | |
| | 元器件虚焊、漏焊、松动、有气孔，每处扣 1 分 | 5 | | | |
| | 测试项目符合任务要求，漏测 1 项，扣 5 分 | 20 | | | |
| | 技术指标符合任务要求，1 项技术指标未达标，扣 5 分 | 20 | | | |
| 合计 | | 100 | | | |
| 总评分 | | 综合等级 | | 教师（签名） | |

注：学习任务评价采用自我评价、小组评价和教师评价三种方式，总评分 = 自我评价 ×20% + 小组评价 ×20% + 教师评价 ×60%，评价等级分为 A（90～100）、B（80～89）、C（70～79）、D（60～69）、E（0～59）五个等级。

# 任务 2　烟雾报警器设计与制作

### 学习目标

1. 知道烟雾传感器典型应用电路。
2. 知道 ADC0832 典型芯片的 A/D 转换过程。
3. 能设计烟雾报警器电路。
4. 能编写和调试烟雾报警器程序。
5. 能完成烟雾报警器硬件安装、软硬件统调。
6. 能与他人合作完成项目设计报告书。
7. 能分析总结系统制作流程，阐述分享给其他同学。

## 任务引入

本任务是设计并制作一款烟雾报警器。要求选用合适的烟雾报警器套件，用单片机开发软件绘制单片机控制烟雾报警器的电路图，提交编写源代码。完成仿真后，在万能板安装报警器电路并进行调试。

本任务主要是基于 MCS－51 系列单片机设计一款系统，该系统主要包含单片机控制模块、有害气体检测模块、声光报警模块、风扇驱动模块等。需要学习单片机和传感器接口模块，A/D 转换等知识。

## 相关知识

### 一、MQ-K4 燃气传感器模块介绍

MQ-K4 燃气传感器实物图如图 8－2－1 所示。MQ-K4 燃气传感器适用于对可燃性天然气和液化气的检测仪及监控设备中作传感器元件。本任务采用的 MQ-K4 燃气传感器电路模块检测的数据是模拟量数据，需要 A/D 转换后再进行单片机控制报警。MQ-K4 燃气传感器的特点：性能稳定，响应时间和恢复时间快，抗震动性能好，有较强的抗干扰、抗硅中毒，高、低温工作适应性好，寿命长。

a)

b)

图 8－2－1 MQ-K4 燃气传感器实物图

a）MQ-K4 燃气传感器 b）MQ-K4 燃气传感器模块

MQ-K4 燃气传感器模块电路图如图 8－2－2 所示。LED1 和 R1 组成电源指示灯电路，R2 为传感器负载电阻。

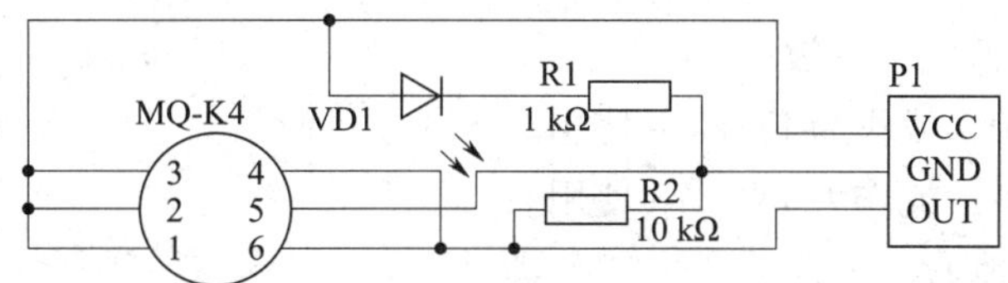


图 8－2－2 MQ-K4 燃气传感器模块电路图

MQ-K4 燃气传感器主要技术指标：

1. 加热极电压 $V_H$：5 V ±0. 1 V。
2. 加热极电流 $I_H$：小于 160 mA。

3. 测量极电压 $V_C$：5 V ±0. 1 V。

4. 负载电阻 $R$：0 ~ 120 kΩ（可调）。

MQ-K4 燃气传感器对不同浓度甲烷气体的变化曲线如图 8 – 2 – 3 所示。

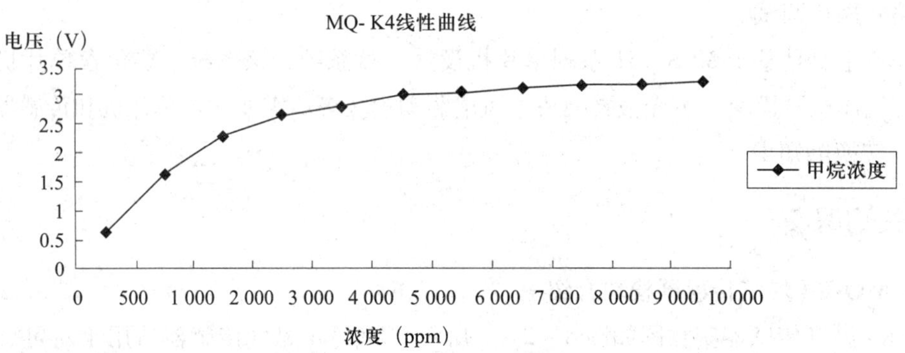


图 8 – 2 – 3　MQ-K4 燃气传感器对不同浓度甲烷气体的变化曲线

甲烷检测仪的报警浓度值是根据甲烷在空气中爆炸的最低浓度值来确定的，即甲烷的爆炸下限 LEL。

## 二、ADC0832 介绍

ADC0832 是一种 8 位分辨率、双通道 A/D 转换芯片。由于它体积小，兼容性强，性价比高而深受单片机爱好者及企业欢迎，其目前已经有很高的普及率。

### 1. ADC0832 芯片引脚功能

ADC0832 芯片引脚功能如图 8 – 2 – 4 所示。

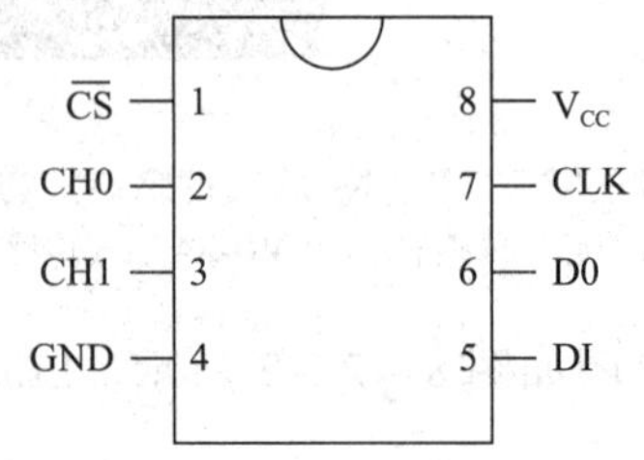


图 8 – 2 – 4　ADC0832 芯片引脚功能

$\overline{CS}$：片选功能，低电平有效。

CH0：模拟通道 0，或作为 IN +/ – 使用。

CH1：模拟通道 1，或作为 IN +/ – 使用。

GND：芯片参考地。

DI：数据信号输入，选择通道输入。

DO：数据信号输出，转换信号输出。

CLK：芯片时钟输入。

$V_{CC}$：电源输入。

**2. ADC0832 与单片机的接口电路**

ADC0832 与单片机的接口电路如图 8-2-5 所示。

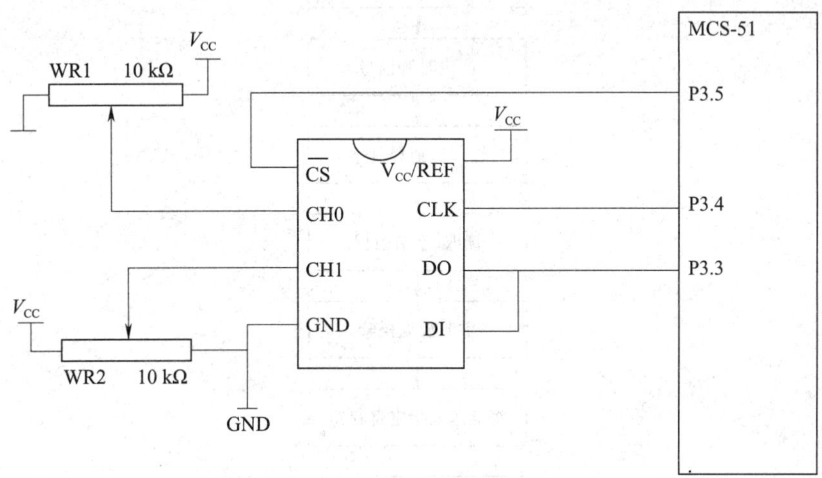


图 8-2-5　ADC0832 与单片机的接口电路

**3. ADC0832 的工作时序**

ADC0832 工作时序图如图 8-2-6 所示，数据读取的流程见图 8-2-7。当$\overline{CS}$=1 时，ADC0832 未工作；当$\overline{CS}$=0 时，芯片开始工作，第 1 个时钟时，DI=1 启动信号。第 2、第 3 个时钟时，DI 输入 2 个数据用于通道选择，通道数据对应功能表见表 8-2-1。第 4 个脉冲开始进行 DO 数据转换，先从高位到低位读取数据，再从低位到高位读取数据作为校正码，校正后数据准确则输出。

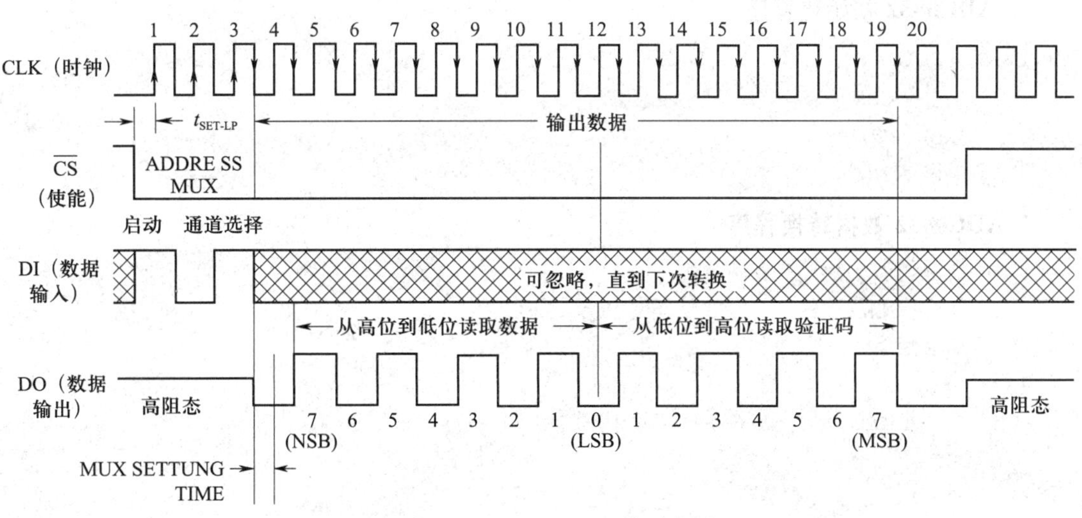


图 8-2-6　ADC0832 工作时序图

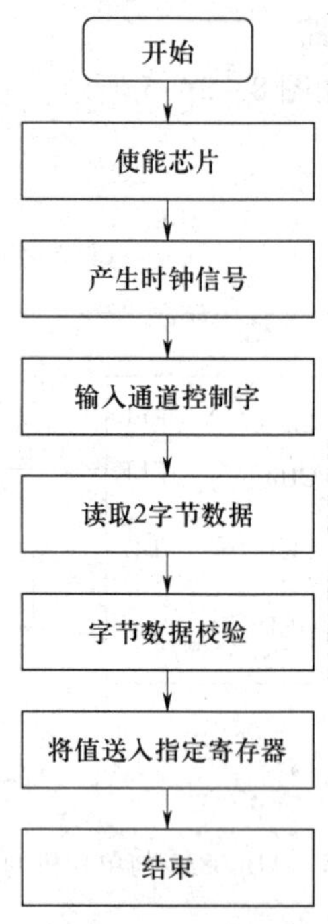


图 8－2－7　ADC0832 数据读取的流程

**表 8－2－1　　通道数据对应功能表**

| DI 数据 | | 通道 | |
|---|---|---|---|
| 第 2 个时钟脉冲 | 第 3 个时钟脉冲 | 0 | 1 |
| 0 | 0 | + | − |
| 0 | 1 | − | + |
| 1 | 0 | + | |
| 1 | 1 | | + |

### 4. ADC0832 初始化程序

```
ADCINIT:  SETB CS
          CLR CLK
          SETBDO
          RET
```

### 5. ADC0832 数据转换程序

```
ADC:      CLR CS           ;片选使能
          CLR CLK
          SETB DO
          NOP
          SETB CLK         ;第一个时钟脉冲,启动 A/D 转换
          NOP
          CLR CLK
```

```
        SETB DO          ;选通道数据 DATA 输入 1
        NOP
        SETB CLK         ;第二个时钟脉冲,启动 A/D 转换
        NOP
        CLR CLK
        CLR DO           ;选通道数据 DATA 输入 0
        NOP
        SETB CLK         ;第 3 个时钟脉冲输入,表明选择通道 0 输入,单端通道输入
        NOP
        CLR CLK
        SETB DO          ;数据线拉高,准备接收数据
        MOV R3,#9
AD1:    DJNZ R3,AD11     ;从高位到低位读取 8 位数据
        MOV R3,#9
AD2:    DJNZ R3,AD12     ;从低位到高位读取 8 位数据
        SETB CLK
        SETB CS
        SETB DO
        RET
        MOV A,RESULT1
        CJNE A,RESULT2,ADT      ;校正两次读取数据是否准确
        RET
ADT:    MOV RESULT1,#0          ;不相同,返回 0
        RET
AD11:   SETB CLK
        NOP
        CLR CLK
        MOV A,RESULT1
        RL A
        JNB DO,RE1
        ORL A,#01H
RE1:    MOV RESULT1,A
        JMP AD1
AD12:   MOV A,RESULT2
        RR A
        JNB DO,RE2
        ORL A,#80H
RE2:    MOV RESULT2,A
        SETB CLK
        NOP
        CLR CLK
        JMP AD2
```

说明

程序中报警值100，是燃气传感器检测的电压经过8位的A/D转换后的十进制数。例如，在烟雾报警器未报警前，测到烟雾报警器的输出电压为1.129 V，则对应的十进制检测值就为57.8。报警时，测到烟雾报警器的输出电压为2.92 V，则对应的十进制检测值就为149.5。计算公式为检测值＝传感器输出电压×5/256。

## 任务实施

### 一、任务准备

准备安装有单片机开发软件的工作台、开发板，烟雾报警器套件，焊接工具，提供在线查询资料的方法、多媒体资料和学生用书。

### 二、烟雾报警器硬件电路设计

烟雾报警器系统可设置有害气体下限和上限值；当检测到空气中有对人体有害的气体或烟雾，信号由ADC0832进行处理模数转化再到单片机进行处理，当检测到浓度超标时，声光报警，风扇会自行运转。烟雾报警器硬件电路如图8－2－8所示。电路中，风扇M由P1.4脚控制；发光二极管D1（绿色）、D2（红色）分别接P1.6和P1.5脚，D1、D2作为烟雾报警器状态显示，绿灯亮表示不报警状态，红灯亮是报警状态；模拟燃气传感器模块的输出端接ADC0832的CH0脚，ADC0832的$\overline{CS}$、CLK、DI/DO分别接单片机的P1.0、P1.1、P1.2脚；声光报警电路由P3.7脚控制，蜂鸣器和LED电路并联，当蜂鸣器响起的时候，LED灯也会闪烁报警。

说明

在仿真电路中，采用电位器代替烟雾报警器进行仿真。

### 三、烟雾报警器程序设计

#### 1. 烟雾报警器程序设计思路

根据任务设计要求，程序开始运行时，燃气传感器检测空气中的气体，当检测到的烟雾等级大于报警阈值100时，红灯亮，启动风扇同时声光报警；否则绿灯亮，蜂鸣器和风扇停止运行。

#### 2. 烟雾报警器程序设计流程图

烟雾报警器程序设计流程图如图8－2－9所示。

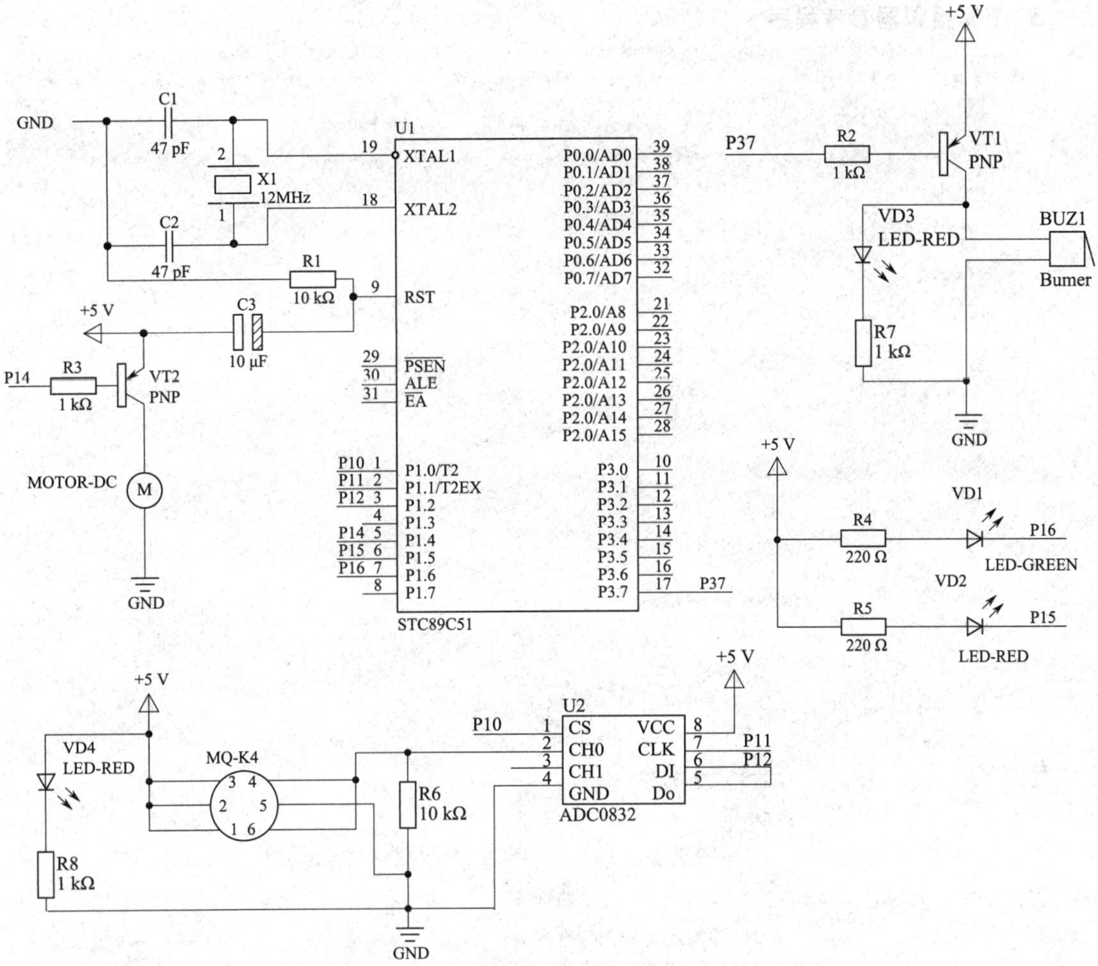

图 8－2－8　烟雾报警器硬件电路

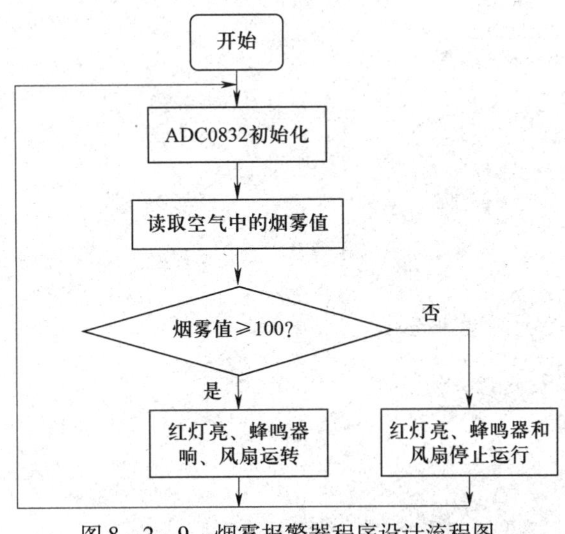


图 8－2－9　烟雾报警器程序设计流程图

### 3. 烟雾报警器参考程序

```
;*************************************************
;           程序名:基于汇编语言的51单片机烟雾报警器设计
;*************************************************
        ORG 0000H
        RESULT1 EQU 50H
        RESULT2 EQU 51H
        CS BIT P1.0
        CLK BIT P1.1
        DO BIT P1.2
        SPK BIT P3.7        ;定义蜂鸣器
        FS BIT P1.4         ;定义风扇
        HD BIT P1.5         ;定义红灯
        LD BIT P1.6         ;定义绿灯
        JMP START
        ORG 0030H
START:
        MOV RESULT1,#0      ;ADC0832模数转换数据1清零
        MOV RESULT2,#0      ;ADC0832模数转换数据2清零
        ACALL ADCINIT       ;ADC0832初始化
        ACALL ADC           ;ADC转换,读取烟雾数据
        MOV A,#100          ;设置烟雾报警值为100时报警,可根据报警浓度调整
        CJNE A,RESULT1,ZZ
ZZ:     JC BJ               ;超过100跳转到BJ报警
        SETB HD
        CLR LD
        SETB FS
        SETB SPK
        JMP START
BJ:     CLR HD              ;红灯亮报警
        SETB LD             ;绿灯灭
        CLR FS              ;风扇转动排烟雾
        ACALL FMG           ;调用蜂鸣器报警子程序
        JMP START
;***********ADC0832模数转换子程序**************
ADC:    CLR CS
        CLR CLK
        SETB DO
        NOP
        SETB CLK            ;第一个时钟脉冲,启动A/D转换
```

```
        NOP
        CLR CLK
        SETB DO  ;选通道数据 DATA 输入 1
        NOP
        SETB CLK  ;第二个时钟脉冲,启动 A/D 转换
        NOP
        CLR CLK
        CLR DO  ;选通道数据 DATA 输入 0
        NOP
        SETB CLK ;第 3 个时钟脉冲输入,表明选择通道 0 输入,单端通道输入
        NOP
        CLR CLK
        SETB DO  ;数据线拉高,准备接收数据
        MOV R3,#9
AD1:    DJNZ R3,AD11      ;从高位到低位读取数据
        MOV R3,#9
AD2:    DJNZ R3,AD12
        SETB CLK
        SETB CS
        SETB DO
        RET
        MOV A,RESULT1
        CJNE A,RESULT2,ADT  ;校正两次读取数据是否准确
        RET
ADT:    MOV RESULT1,#0        ;不相同,RESULT1 为 0
        RET
AD11:   SETB CLK
        NOP
        CLR CLK
        MOV A,RESULT1
        RL A
        JNB DO,RE1
        ORL A,#01H
RE1:    MOV RESULT1,A
        JMP AD1
AD12:   MOV A,RESULT2
        RR A
        JNB DO,RE2
        ORL A,#80H
RE2:    MOV RESULT2,A
        SETB CLK
```

```
        NOP
        CLR CLK
        JMP AD2
;***************ADC0832 初始化子程序*****************
ADCINIT:
        SETB CS
        CLR CLK
        SETB DO
        RET
;****************蜂鸣器报警子程序*********************
FMG:    SETB SPK
        MOV A,#100
        ACALL  DELAY
        CLR   SPK
        MOV A,#100
        ACALL DELAY
        RET
;****************延时子程序**************************
DELAY:  MOV R5,A
D2:     MOV R7,#248
        NOP
        DJNZ R7, $
        DJNZ R5,D2
        RET
        END
```

**四、程序编译与仿真**

程序编写完成后，用 Keil 编译软件进行编译生成 hex 文件。在 Proteus 仿真软件中按图 8－2－8 所示电路图绘制硬件电路，用可变电阻器代替 MQ-K4 燃气传感器，并将 hex 文件载入单片机中进行仿真运行，观察单片机运行结果，检验程序和电路设计是否达到设计的要求。图 8－2－10 所示为烟雾报警器的仿真效果图。

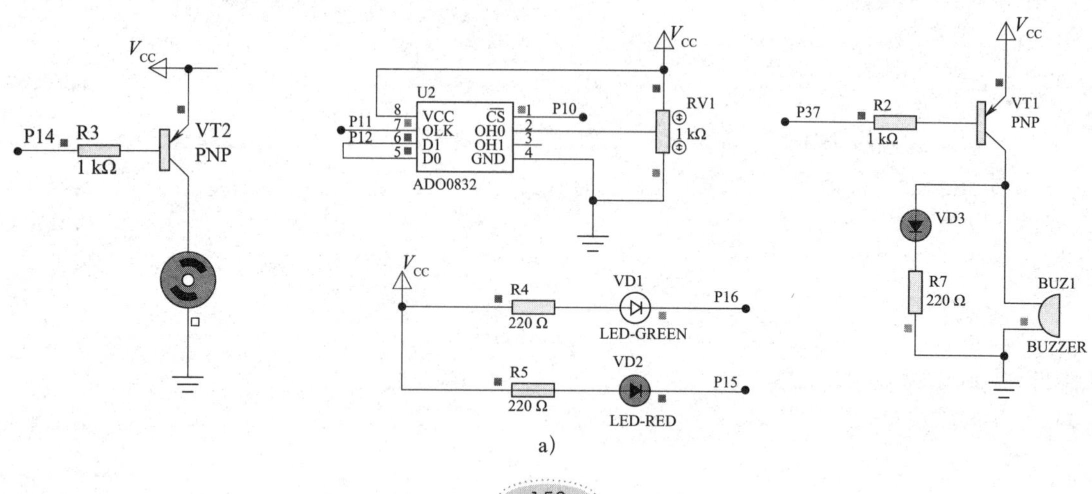

a)

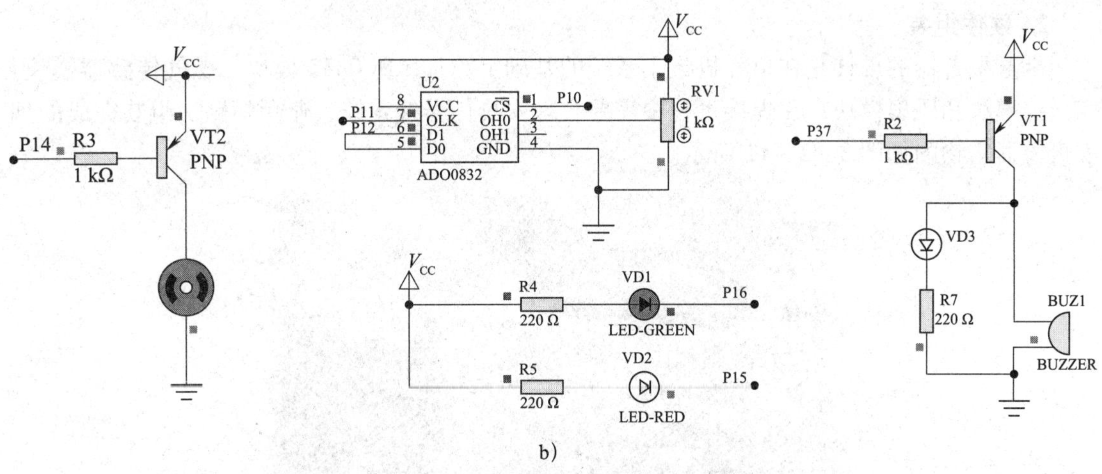


b)

图 8－2－10　烟雾报警器仿真效果图

a）正常不报警状态，绿灯亮，风扇停　b）异常报警状态，红灯亮，风扇转，蜂鸣

## 五、硬件组装和测试（选做）

### 1. 元器件清单

组装烟雾报警器所需元器件清单见表 8－2－2。

**表 8－2－2　　组装烟雾报警器所需元器件清单**

| 序号 | 元器件名称 | 规格型号 | 数量 |
|---|---|---|---|
| 1 | 单片机 | STC89C51RC 单片机 | 1 |
| 2 | 瓷片电容 | 47 pF | 2 |
| 3 | 电解电容 | 10 μF，16 V | 1 |
| 4 | 电阻 | 10 kΩ，1/4 W | 1 |
| 5 | 电阻 | 1 kΩ，1/4 W | 2 |
| 6 | 电阻 | 220 Ω，1/4 W | 3 |
| 7 | 晶振 | 11.059 2 MHz | 1 |
| 8 | DC 电源插座 | 5 V | 1 |
| 9 | 自锁开关 |  | 1 |
| 10 | 三极管 | 8550 | 2 |
| 11 | AD 转换芯片 | ADC0832＋DIP8 插座 | 1 |
| 12 | 蜂鸣器 | 5 V 蜂鸣器 | 1 |
| 13 | 风扇 | 5 V 风扇＋风扇插座 | 1 |
| 14 | 燃气传感器 | Mq－2 燃气传感器模块＋sip3 排母 | 1 |
| 15 | 发光二极管 | 红色 | 1 |
| 16 | 发光二极管 | 绿色 | 1 |
| 17 | 接线端子 | DG128 KF128－2P 间距 5.08 mm 300 V/10 A | 1 |
| 18 | 万用板 | 10 cm×16 cm | 1 |

**2. 硬件组装**

烟雾报警器的设计是在单片机最小系统的基础上添加 ADC0832 模块、燃气传感器模块、声光控模块和风扇模块。在焊接过程中需要合理安排信号线走线，避免短路。组装完成的烟雾报警器实物图如图 8－2－11 所示。

图 8－2－11　烟雾报警器实物图

**3. 程序烧录下载**

将汇编语言源程序编译生成的 hex 文件通过数据线下载到 STC89C51 单片机中。

**4. 功能测试**

将已下载 hex 文件数据的 STC89C51 单片机插装到 IC 座上，接上电源，测试是否能正常实现烟雾报警和风扇功能。测试时，可用废纸燃烧的烟雾模拟代替甲烷测试（在空旷安全地方进行），当废纸燃烧的烟雾达到报警阈值时，烟雾报警器开始声光报警，同时风扇运转。

**六、填写学生用书**

按照要求完成学生用书的填写。

在指导教师帮助下，通过小组合作等方式，根据项目任务要求撰写项目设计报告，要求条理清楚，重点突出，结构合理。

## 任务评价

根据任务考核评分表（见表 8－2－3）进行任务评价。

**表 8－2－3　　任务考核评分表**

| 评价项目 | 评价标准 | 配分（分） | 自我评价 | 小组评价 | 教师评价 |
|---|---|---|---|---|---|
| 职业素养 | 安全意识、责任意识、服从意识强 | 5 | | | |
| | 积极参加教学活动，按时完成各项学习任务 | 5 | | | |
| | 团队合作意识强，善于与人交流和沟通 | 5 | | | |
| | 自觉遵守劳动纪律，尊敬师长，团结同学 | 5 | | | |
| | 爱护公物，节约材料，工作环境整洁 | 5 | | | |

续表

| 评价项目 | 评价标准 | 配分（分） | 自我评价 | 小组评价 | 教师评价 |
|---|---|---|---|---|---|
| 专业能力 | 语句格式应用错误，每错一处扣2分 | 10 | | | |
| | 不会用电子仪表检测元器件好坏，每个扣1分 | 5 | | | |
| | 元器件位置、引脚焊接错误，每个扣1分 | 10 | | | |
| | 焊接粗糙、拉尖、焊锡残渣，每处扣1分 | 5 | | | |
| | 元器件虚焊、漏焊、松动、有气孔，每处扣1分 | 5 | | | |
| | 测试项目符合任务要求，漏测1项，扣5分 | 20 | | | |
| | 技术指标符合任务要求，1项技术指标未达标，扣5分 | 20 | | | |
| 合计 | | 100 | | | |
| 总评分 | | 综合等级 | | 教师（签名） | |

注：学习任务评价采用自我评价、小组评价和教师评价三种方式，总评分 = 自我评价 ×20% + 小组评价 ×20% + 教师评价 ×60%，评价等级分为 A（90 ~ 100）、B（80 ~ 89）、C（70 ~ 79）、D（60 ~ 69）、E（0 ~ 59）五个等级。

# 任务3 智能蓝牙灯设计与制作

## 学习目标

1. 通过学习，知道蓝牙模块相关知识。
2. 能理解蓝牙模块的连接方式及数据传送方式。
3. 会设计智能蓝牙灯控电路。
4. 会编写智能蓝牙灯控程序。
5. 能完成智能蓝牙灯控硬件安装、软硬件统调。
6. 能与他人分析讨论，发现并解决程序编写和调试问题。

## 任务引入

本任务是设计并制作一个单片机控制的智能蓝牙灯，能用手机端的蓝牙通信助手控制电路板上 LED 灯的亮灭，同时电路板也可以通过控制按钮向手机蓝牙助手发送数据，实现手机蓝牙与开发板之间的双向数据传输。要求选用合适的单片机和蓝牙模块，用单片机开发软件绘制智能蓝牙灯控系统的电路图，提交编写源代码，在万能板安装智能蓝牙灯控电路并进行调试。

## 相关知识

### 一、蓝牙技术介绍

蓝牙是一种支持设备短距离通信（一般 10 m 内）的无线电技术，能在包括移动电话、

PDA、无线耳机、笔记本电脑、相关外设等众多设备之间进行无线信息交换。

## 二、蓝牙串口模块介绍

蓝牙模块可以通过串口（SPI、IIC）和 MCU 控制设备来进行数据传输。蓝牙模块有主机和从机两种模式。主机模式就是能够搜索别的蓝牙模块并且主动与之建立连接；而从机模式不能主动的建立连接，只能够等主机连接自己。蓝牙数据传输示意图如图 8－3－1 所示。

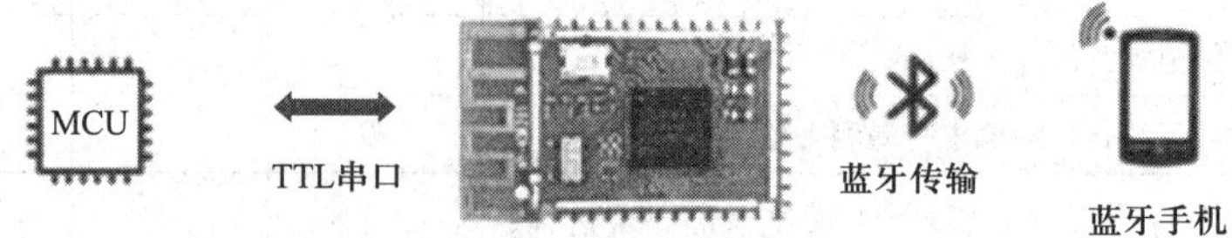


图 8－3－1　蓝牙数据传输示意图

下面以汇承蓝牙串口模块 HC-02 为例介绍单片机和手机数据传输实现方法。

### 1. 实物图和产品参数

汇承蓝牙串口模块 HC-02 实物图如图 8－3－2 所示，产品参数见表 8－3－1。

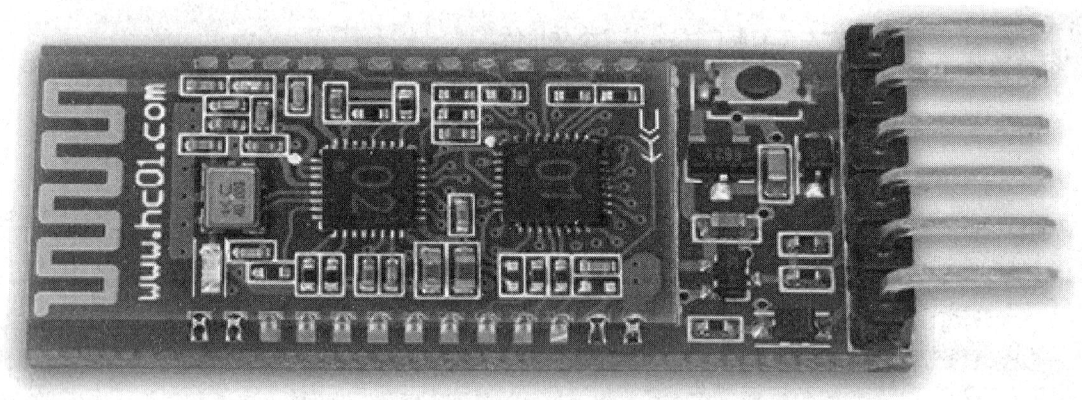


图 8－3－2　汇承蓝牙串口模块 HC-02 实物图

表 8－3－1　汇承蓝牙串口模块 HC-02 产品参数

| 参数名称 | 参数值 | 参数名称 | 参数值 |
|---|---|---|---|
| 型号 | HC－02 | 模块尺寸 | 27 mm×13 mm |
| 工作频段 | 2.4G | 空中通率 | 2 Mbps |
| 通信接口 | UART3.3VTTL 电平 | 天线接口 | 内置 PCB 天线 |
| 工作电压 | 3.0～3.6 V | 通信电流 | 30 mA |
| 波特率 | 1 200～115 200 bps | 接收灵敏度 | －85 dBm@2Mbps |
| 通信电平 | 3.3 V | 工作湿度 | 10%～90% |
| 发射功率 | 6 dBm（最大） | 存储温度 | －40 ℃～＋85 ℃ |
| 参考距离 | 10 m | 工作温度 | －25 ℃～75 ℃ |

**2. 连接示意图**

单片机与汇承蓝牙串口模块 HC-02 通过串口方式连接，其中单片机的 TXD 线与蓝牙模块的 RXD 线相连，单片机的 RXD 线与蓝牙模块的 TXD 线相连。蓝牙模块可以与手机、计算机等通过无线串口透传方式进行通信，模块连接示意图如图 8－3－3 所示。

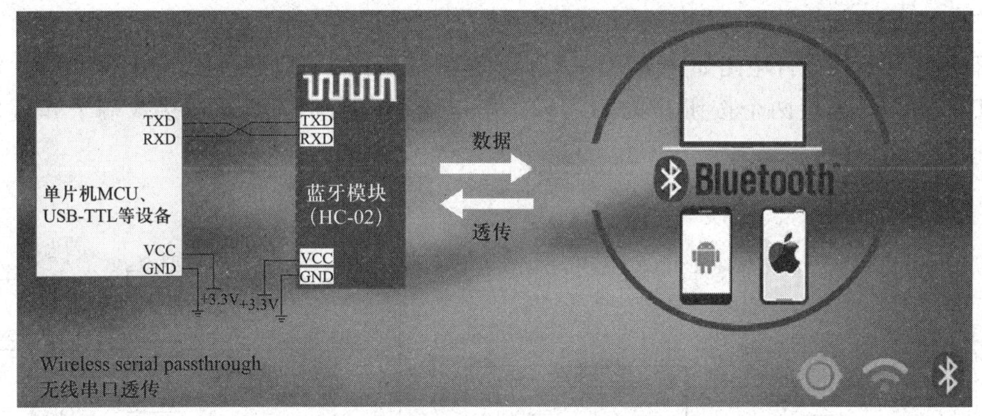


图 8－3－3　模块连接示意图

**3. 传输步骤**

（1）在手机端安装“HC 蓝牙助手”（可以在汇承官网上下载）。

（2）将汇承 HC-02 模块与单片机连接好，此时模块 LED 状态灯蓝灯闪烁，表示模块上电未连接。

（3）打开手机端“HC 蓝牙助手”，找到模块名称点击连接，连接成功后，模块 LED 状态灯常亮，即可互发信息。手机上操作“HC 蓝牙助手”示意图如图 8－3－4 所示。

图 8－3－4　手机上操作“HC 蓝牙助手”示意图

## 任务实施

### 一、任务准备

准备安装有单片机开发软件的工作台、开发板，蓝牙模块套件，发光二极管等元器件，焊接工具，提供在线查询资料的方法、多媒体资料和学生用书。

### 二、智能蓝牙灯控硬件电路设计

智能蓝牙灯控硬件电路如图 8－3－5 所示，单片机的 P2 口通过限流电阻和 LED 灯相连，P3.2 和 P3.3 接两个按钮开关 S1、S2，串口线 P3.0 和 P3.1 通过接线端子和蓝牙模块相接。

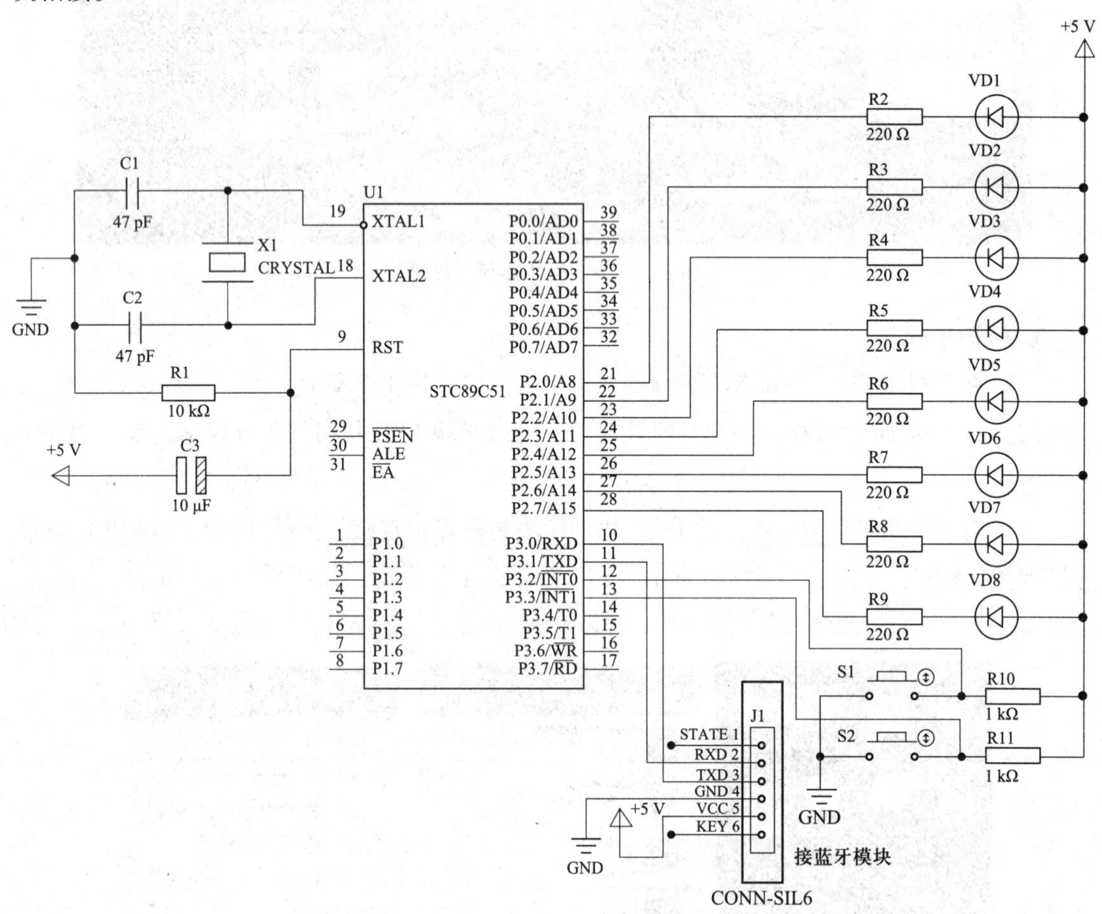


图 8－3－5　智能蓝牙灯控硬件电路

### 三、智能蓝牙灯控程序设计

#### 1. 智能蓝牙灯控设计思路

智能蓝牙灯控主要是通过手机与蓝牙模块进行通信，蓝牙模块通过串口方式与单片机连接，蓝牙模块既可以接收手机发送来的数据，传给单片机对 LED 灯进行控制，又可以接收单片机发来的按键数据并传送给手机。单片机与蓝牙模块之间通过串口方式进行通信，接收数据采用串口中断函数方式。智能蓝牙灯控程序设计流程图如图 8－3－6 所示。

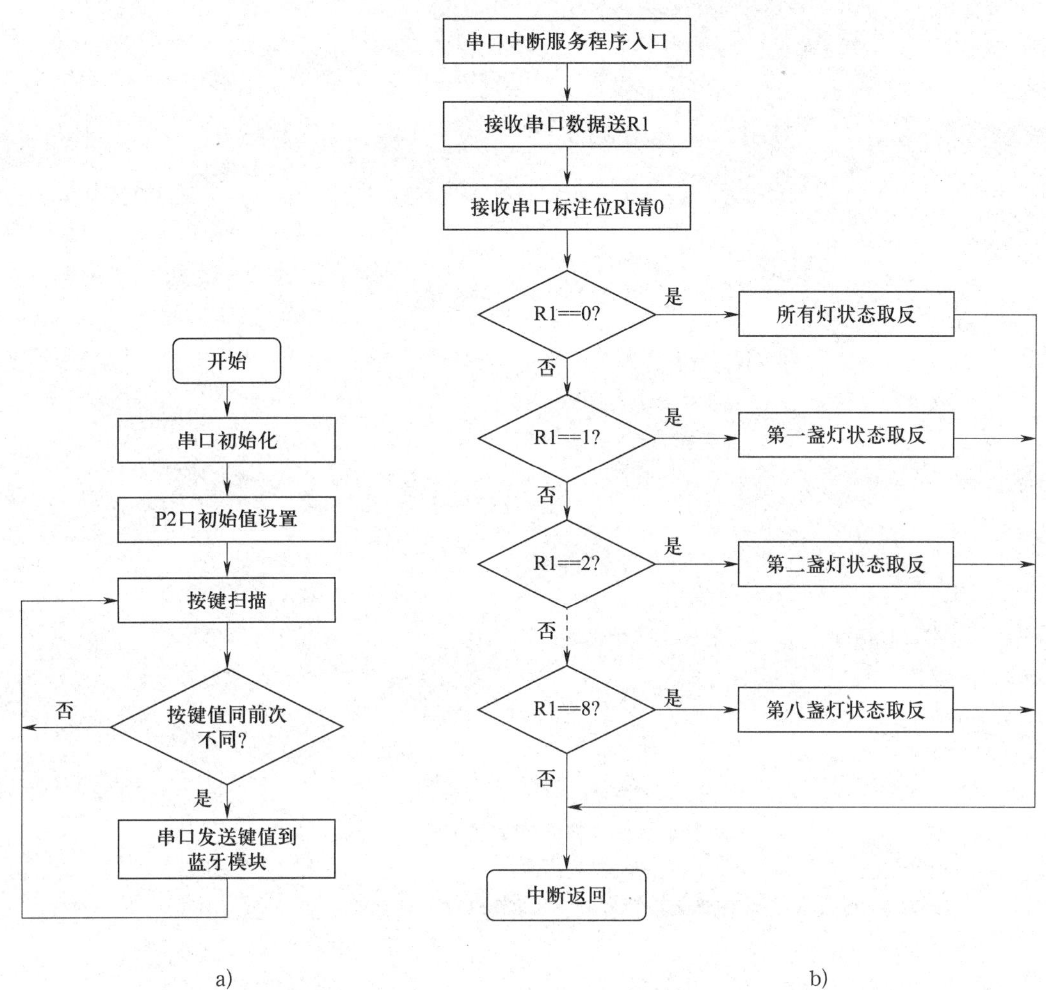


图 8-3-6　智能蓝牙灯控程序设计流程图

a）主程序流程图　b）中断函数流程图

## 2. 参考程序

智能蓝牙灯控示例程序如下：

```
;*************************************************************
;程序名:基于汇编语言的 MCS-51 系列单片机智能蓝牙灯控设计
;*************************************************************
LED1 EQU P2.0   ;定义第一盏 LED 灯
LED2 EQU P2.1   ;定义第二盏 LED 灯
LED3 EQU P2.2   ;定义第三盏 LED 灯
LED4 EQU P2.3   ;定义第四盏 LED 灯
LED5 EQU P2.4   ;定义第五盏 LED 灯
LED6 EQU P2.5   ;定义第六盏 LED 灯
```

```
LED7 EQU P2.6   ;定义第七盏 LED 灯
LED8 EQU P2.7   ;定义第八盏 LED 灯
Key3 EQU P3.2   ;定义按键 S1
Key4 EQU P3.3   ;定义按键 S2
key_v2       EQU 30H  ;定义按键变量
key_v1       EQU 31H  ;定义按键变量

        ORG 0000H
        JMP START
        ORG   0023H          ;串口中断入口地址
        LJMP  Usart_Func   ;跳转至串口中断标号
;*****************主程序***************************
        ORG  0100H
START:  MOV SP,#60H
        MOV R1,#0FFH
        LCALL Usart_Init;调用串口初始化程序
        MOV P2,#0FFH
LOOP:
        LCALL Key_scan   ;调用按键开关扫描程序
        MOV A,key_v2
        CJNE A,key_v1,JO   ;比较前后两次按键值是否相同
        LJMP LOOP
JO:     MOV key_v1,key_v2;如果本次按键和上次按键不同,则发送数据
        CLR ES
        MOV SBUF,key_v1
        JNB TI,$
        CLR TI
        SETB ES
        LJMP LOOP
Usart_Func:
        CLR ES
        MOV R1,SBUF;接收数据
        CLR RI         ;清空接收中断标志位
        SETB ES
        CJNE R1,#0,U_NEXT1;收到"0",所有灯取反
        MOV A,P2
        CPL A
        MOV P2,A
        LJMP Usart_END
```

```
U_NEXT1:
        CJNE R1,#1,U_NEXT2;收到"1",第 1 盏灯取反
        CPL LED1
        LJMP Usart_END
U_NEXT2:
        CJNE R1,#2,U_NEXT3;收到"2",第 2 盏灯取反
        CPL LED2
        LJMP Usart_END
U_NEXT3:
        CJNE R1,#3,U_NEXT4;收到"3",第 3 盏灯取反
        CPL LED3
        LJMP Usart_END
U_NEXT4:
        CJNE R1,#4,U_NEXT5;收到"4",第 4 盏灯取反
        CPL LED4
        LJMP Usart_END
U_NEXT5:
        CJNE R1,#5,U_NEXT6;收到"5",第 5 盏灯取反
        CPL LED5
        LJMP Usart_END
U_NEXT6:
        CJNE R1,#6,U_NEXT7;收到"6",第 6 盏灯取反
        CPL LED6
        LJMP Usart_END
U_NEXT7:
        CJNE R1,#7,U_NEXT8;收到"7",第 7 盏灯取反
        CPL LED7
        LJMP Usart_END
U_NEXT8:
        CJNE R1,#8,Usart_END;收到"8",第 8 盏灯取反
        CPL LED8
Usart_END:
        RETI
DELAY:  MOV R6,#5
DE1:    MOV R5,#100
        DJNZ R5,$
        DJNZ  R6,DE1
        DJNZ  R7,DELAY
        RET
```

```
Usart_Init:
        MOV TMOD,#20H  ;确定 T1 的工作方式:工作方式 2,8 位自动重装
        MOV TH1,#0FDH  ;设置波特率为:9 600 Baud 高 8 位
        MOV TL1,#0FDH  ;设置波特率为:9 600 Baud 低 8 位
        MOV PCON,#00H  ;设置电源管理存储器
        MOV SCON,#50H  ;设置串口工作方式 1,允许接收
        vSETB EA        ;打开中断总开关
        SETB ES         ;打开串行口中断
        SETB TR1        ;启动定时器 T1
        RET
Key_scan:
        JNB   Key3,S1  ;判断开关 S1 是否按下
        JNB   Key4,S2  ;判断开关 S2 是否按下
        LJMP  KEY_NEXT  ;如果没有键按下重新检测
S1:     MOV R7,#10    ;S1 按键延时消抖
        LCALL DELAY
        JNB   Key3,S1_NEXT
        LJMP  KEY_NEXT
S1_NEXT:
        MOV key_v2,#3  ;按键值赋值为 3
        JNB Key3,$     ;等待按键释放
        LJMP  KEY_NEXT
S2:     MOV R7,#10    ;S2 按键延时消抖
        LCALL DELAY
        JNB   Key4,S2_NEXT
        LJMP  KEY_NEXT
S2_NEXT:
        MOV key_v2,#4  ;按键值赋值为 4
        JNB Key4,$
KEY_NEXT:
        RET
END
```

**四、硬件组装和测试**

**1. 元器件清单**

智能蓝牙灯控所需元器件清单见表 8－3－2。

**表 8－3－2　　组装智能蓝牙灯控所需元器件清单**

| 序号 | 元器件名称 | 规格型号 | 数量 |
|---|---|---|---|
| 1 | 单片机 | STC89C51 单片机 | 1 |
| 2 | 瓷片电容 | 47 pF | 2 |

续表

| 序号 | 元器件名称 | 规格型号 | 数量 |
|---|---|---|---|
| 3 | 电解电容 | 10 μF，16 V | 1 |
| 4 | 电阻 | 10 kΩ，1/4 W | 2 |
| 5 | 晶振 | 11.059 2 MHz | 1 |
| 6 | DC 电源插座 | 5 V | 1 |
| 7 | 接线端子 | DG128KF128 -2P 间距 5.08 mm300 V/10 A | 1 |
| 8 | 万用板 | 10 cm×16 cm | 1 |
| 9 | 按钮 | TS013 | 2 |
| 10 | LED 灯 | 红色 | 8 |
| 11 | 电阻 | 200 Ω | 8 |
| 12 | 电阻 | 1 kΩ | 2 |
| 13 | 蓝牙模块 | 汇承蓝牙串口模块 HC -02 | 1 |
| 14 | DC 电源插座 | 5 V | 1 |

**2. 硬件组装**

智能蓝牙灯控电路的设计是在单片机最小系统的基础上添加外围电路，显示部分由 8 个 LED 灯组成。在焊接过程中需要合理安排信号线走线，避免短路。组装完成的智能蓝牙灯控实物图如图 8 -3 -7 所示。

图 8 -3 -7　智能蓝牙灯控实物图

**3. 程序烧录下载**

将源程序编译生成的 hex 文件通过数据线下载到 STC89C51 单片机中。

**4. 功能测试**

将已下载 hex 数据的 STC89C51 单片机芯片插装到 IC 座上，打开电源，根据任务要求，用手机按下相应的按键，测试单片机板上的 LED 灯是否对应亮灭显示。否则对照电路图查看电路焊接是否正确或程序是否正确。智能蓝牙灯控实物测试图如图 8 -3 -8 所示。

图 8-3-8　智能蓝牙灯控实物测试图

**五、填写学生用书**

按照要求完成学生用书的填写。

在指导教师帮助下，通过小组合作等方式，根据项目任务要求撰写项目设计报告，要求条理清楚，重点突出，结构合理。

## 任务评价

根据任务考核评分表（见表 8-3-3）进行任务评价。

**表 8-3-3　　任务考核评分表**

| 评价项目 | 评价标准 | 配分（分） | 自我评价 | 小组评价 | 教师评价 |
| --- | --- | --- | --- | --- | --- |
| 职业素养 | 安全意识、责任意识、服从意识强 | 5 | | | |
| | 积极参加教学活动，按时完成各项学习任务 | 5 | | | |
| | 团队合作意识强，善于与人交流和沟通 | 5 | | | |
| | 自觉遵守劳动纪律，尊敬师长，团结同学 | 5 | | | |
| | 爱护公物，节约材料，工作环境整洁 | 5 | | | |
| 专业能力 | 语句格式应用错误，每错一处扣 2 分 | 10 | | | |
| | 不会用电子仪表检测元器件好坏，每个扣 1 分 | 5 | | | |
| | 元器件位置、引脚焊接错误，每个扣 1 分 | 10 | | | |
| | 焊接粗糙、拉尖、焊锡残渣，每处扣 1 分 | 5 | | | |
| | 元器件虚焊、漏焊、松动、有气孔，每处扣 1 分 | 5 | | | |
| | 测试项目符合任务要求，漏测 1 项，扣 5 分 | 20 | | | |
| | 技术指标符合任务要求，1 项技术指标未达标，扣 5 分 | 20 | | | |
| 合计 | | 100 | | | |
| 总评分 | | 综合等级 | | 教师（签名） | |

注：学习任务评价采用自我评价、小组评价和教师评价三种方式，总评分 = 自我评价 ×20% + 小组评价 ×20% + 教师评价 ×60%，评价等级分为 A（90～100）、B（80～89）、C（70～79）、D（60～69）、E（0～59）五个等级。

# 附录 MCS-51系列单片机指令表

附表1 数据传送类指令

| 助记符 | 功能说明 | 字节数 | 机器周期 |
|---|---|---|---|
| MOV A，Rn | 寄存器 Rn 中内容送入累加器 A 中 | 1 | 1 |
| MOV A，direct | 直接地址 direct 单元中的内容送入累加器 A 中 | 2 | 1 |
| MOV A，@Ri | 寄存器间接寻址中的内容送入累加器 A 中 | 1 | 1 |
| MOV A，#data8 | 8 位立即数 data 送入累加器 A 中 | 2 | 1 |
| MOV Rn，A | 累加器 A 中内容送入寄存器 Rn 中 | 1 | 1 |
| MOV Rn，direct | 直接地址 direct 单元中的内容送入寄存器 Rn 中 | 2 | 2 |
| MOV Rn，#data8 | 8 位立即数 data 送入寄存器 Rn 中 | 2 | 1 |
| MOV direct，A | 累加器 A 中内容送入直接地址 direct 单元中 | 2 | 1 |
| MOV direct，Rn | 寄存器 Rn 中内容送入直接地址 direct 单元中 | 2 | 2 |
| MOV direct，direct | 直接地址 direct 单元中的内容送入直接地址 direct 单元中 | 3 | 2 |
| MOV direct，@Ri | 寄存器间接寻址单元中的内容送入直接地址 direct 单元中 | 2 | 2 |
| MOV direct，#data8 | 8 位立即数 data 送入直接地址 direct 单元中 | 3 | 2 |
| MOV @Ri，A | 累加器 A 中内容送入寄存器间接寻址单元中 | 1 | 1 |
| MOV @Ri，direct | 直接地址 direct 单元中的内容送入寄存器间接寻址单元中 | 2 | 2 |
| MOV @Ri，#data8 | 8 位立即数 data 送入寄存器间接寻址单元中 | 2 | 1 |
| MOV DPTR，#data16 | 16 位立即数 data 送入数据指针寄存器 DPTR 中 | 3 | 2 |
| MOVC A，@A+DPTR | 以 DPTR 为基地址变址寻址单元中的内容送入累加器 A 中 | 1 | 2 |
| MOVC A，@A+PC | 以 PC 为基地址变址寻址单元中的内容送入累加器 A 中 | 1 | 2 |
| MOVX A，@Ri | 外部寄存器间接寻址单元中内容送入累加器 A 中 | 1 | 2 |
| MOVX A，@DPTR | 外部数据指针寄存器 DPTR 中内容送入累加器 A 中 | 1 | 2 |
| MOVX @Ri，A | 累加器 A 中内容送入外部寄存器间接寻址单元中 | 1 | 2 |
| MOVX @DPTR，A | 累加器 A 中内容送入外部数据指针寄存器 DPTR 中 | 1 | 2 |
| PUSH direct | 直接地址 direct 单元中的内容压入堆栈中 | 2 | 2 |
| POP direct | 堆栈中的内容弹出到直接地址 direct 单元中 | 2 | 2 |
| XCH A，Rn | 寄存器 Rn 中内容与累加器 A 中内容交换 | 1 | 1 |
| XCH A，direct | 直接地址 direct 单元中内容与累加器 A 中内容交换 | 2 | 1 |
| XCH A，@Ri | 寄存器间接寻址单元中内容与累加器 A 中内容交换 | 1 | 1 |
| XCHD A，@Ri | 寄存器间接寻址单元中内容与累加器 A 中内容进行低 4 位字节交换，高 4 位保持不变 | 1 | 1 |

附表 2　　算术操作类指令

| 助记符 | 功能说明 | 字节数 | 机器周期 |
|---|---|---|---|
| ADD A，Rn | 寄存器 Rn 中的内容与累加器 A 中的内容相加，其结果送回 A 中 | 1 | 1 |
| ADD A，direct | 直接地址 direct 单元中的内容与累加器 A 中的内容相加，其结果送回 A 中 | 2 | 1 |
| ADD A，@Ri | 寄存器间接寻址单元中的内容与累加器 A 中的内容相加，其结果送回 A 中 | 1 | 1 |
| ADD A，#data8 | 8 位立即数 data 与累加器 A 中的内容相加，其结果送回 A 中 | 2 | 1 |
| ADDC A，Rn | 累加器 A 中的内容连同进位 CY 与寄存器 Rn 中内容相加，其结果送回 A 中 | 1 | 1 |
| ADDC A，direct | 累加器 A 中的内容连同进位 CY 与直接地址 direct 单元中内容相加，其结果送回 A 中 | 2 | 1 |
| ADDC A，@Ri | 累加器 A 中的内容连同进位 CY 与寄存器间接寻址单元中内容相加，其结果送回 A 中 | 1 | 1 |
| ADDC A，#data8 | 累加器 A 中的内容连同进位 CY 与 8 位立即数 data 相加，其结果送回 A 中 | 2 | 1 |
| SUBB A，Rn | 累加器 A 中内容减去寄存器 Rn 中内容和进位 CY，其结果送回 A 中 | 1 | 1 |
| SUBB A，direct | 累加器 A 中内容减去直接地址 direct 单元中内容和进位 CY，其结果送回 A 中 | 2 | 1 |
| SUBB A，@Ri | 累加器 A 中内容减去寄存器间接寻址单元中内容和进位 CY，其结果送回 A 中 | 1 | 1 |
| SUBB A，#data8 | 累加器 A 中内容减去 8 位立即数 data 和进位 CY，其结果送回 A 中 | 2 | 1 |
| INC A | 累加器 A 中内容加 1，其结果送回 A 中 | 1 | 1 |
| INC Rn | 寄存器 Rn 中内容加 1，其结果送回 Rn 中 | 1 | 1 |
| INC direct | 直接地址 direct 单元中内容加 1，其结果送回 direct 中 | 2 | 1 |
| INC @Ri | 寄存器间接寻址单元中内容加 1，其结果送回寄存器间接寻址单元 | 1 | 1 |
| INC DPTR | 数据指针寄存器 DPTR 值加 1，其结果送回 DPTR 中 | 1 | 2 |
| DEC A | 累加器 A 中内容减 1，其结果送回 A 中 | 1 | 1 |
| DEC Rn | 寄存器 Rn 中内容减 1，其结果送回 Rn 中 | 1 | 1 |
| DEC direct | 直接地址 direct 单元中内容减 1，其结果送回 direct 中 | 2 | 1 |
| DEC @Ri | 寄存器间接寻址单元中内容减 1，其结果送回寄存器间接寻址单元中 | 1 | 1 |
| MUL AB | A 和 B 中两个无符号 8 位二进制数相乘，所得的 16 位积的低 8 位存于 A 中，高 8 位存于 B 中。执行后，CY 被无条件清零 | 1 | 4 |
| DIV AB | A 中的 8 位无符号数除以 B 中的 8 位无符号数。商放在 A 中，余数放在 B 中，CY 和 OV 都为 0。如果除法前 B 为 0，那么 OV 为 1 | 1 | 4 |
| DA A | 在进行 BCD 码加法运算时，用来对 BCD 码的加法运算结果进行自动修正 | 1 | 1 |

附表 3 逻辑操作类指令

| 助记符 | 功能说明 | 字节数 | 机器周期 |
|---|---|---|---|
| ANL A，Rn | 累加器 A 中内容与寄存器 Rn 中内容相“与”，其结果送回 A 中 | 1 | 1 |
| ANL A，direct | 累加器 A 中内容与直接地址 direct 单元中内容相“与”，其结果送回 A 中 | 2 | 1 |
| ANL A，@Ri | 累加器 A 中内容与寄存器间接寻址单元中内容相“与”，其结果送回 A 中 | 1 | 1 |
| ANL A，#data8 | 累加器 A 中内容与 8 位立即数 data 相“与”，其结果送回 A 中 | 2 | 1 |
| ANL direct，A | 直接地址 direct 单元中内容与累加器 A 中内容相“与”，其结果送回 direct 中 | 2 | 1 |
| ANL direct，#data8 | 直接地址 direct 单元中内容与 8 位立即数 data 相“与”，其结果送回 direct 中 | 3 | 2 |
| ORL A，Rn | 累加器 A 中内容与寄存器 Rn 中内容相“或”，其结果送回 A 中 | 1 | 1 |
| ORL A，direct | 累加器 A 中内容与直接地址 direct 单元中内容相“或”，其结果送回 A 中 | 2 | 1 |
| ORL A，@Ri | 累加器 A 中内容与寄存器间接寻址单元中内容相“或”，其结果送回 A 中 | 1 | 1 |
| ORL A，#data8 | 累加器 A 中内容与 8 位立即数 data 相“或”，其结果送回 A 中 | 2 | 1 |
| ORL direct，A | 直接地址 direct 单元中内容与累加器 A 中内容相“或”，其结果送回 direct 中 | 2 | 1 |
| ORL direct，#data8 | 直接地址 direct 单元中内容与 8 位立即数 data 相“或”，其结果送回 direct 中 | 3 | 2 |
| XRL A，Rn | 累加器 A 中内容与寄存器 Rn 中内容相“异或”，其结果送回 A 中 | 1 | 1 |
| XRL A，direct | 累加器 A 中内容与直接地址 direct 单元中内容相“异或”，其结果送回 A 中 | 2 | 1 |
| XRL A，@Ri | 累加器 A 中内容与寄存器间接寻址单元中内容相“异或”，其结果送回 A 中 | 1 | 1 |
| XRL A，#data8 | 累加器 A 中内容与 8 位立即数 data 相“异或”，其结果送回 A 中 | 2 | 1 |
| XRL direct，A | 直接地址 direct 单元中内容与累加器 A 中内容相“异或”，其结果送回 direct 中 | 2 | 1 |
| XRL direct，#data8 | 直接地址 direct 单元中内容与 8 位立即数 data 相“异或”，其结果送回 direct 中 | 3 | 2 |
| CLR A | 累加器 A 中内容清零 | 1 | 1 |
| CPL A | 累加器 A 中内容取反 | 1 | 1 |
| RL A | 累加器 A 中内容循环左移 | 1 | 1 |
| RLC A | 累加器 A 中内容连同进位 CY 循环左移 | 1 | 1 |
| RR A | 累加器 A 中内容循环右移 | 1 | 1 |
| RRC A | 累加器 A 中内容连同进位 CY 循环右移 | 1 | 1 |
| SWAP A | 累加器 A 中内容进行半字节交换，即高 4 位和低 4 位字节内容交换 | 1 | 1 |

附表 4　　控制转移类指令

| 助记符 | 功能说明 | 字节数 | 机器周期 |
|---|---|---|---|
| ACALL addr11 | 绝对调用指令。所调用的子程序地址必须与 ACALL 指令下一条指令的第一个字节在同一个 2KB 区内（即 16 位地址中的高 5 位地址相同） | 2 | 2 |
| LACLL addr16 | 长调用子程序。所调用的子程序地址在 64K 范围内 | 3 | 2 |
| RET | 子程序返回 | 1 | 2 |
| RETI | 中断服务子程序返回 | 1 | 2 |
| AJMP addr11 | 绝对短转移指令。程序无条件转向 2KB 程序存储器地址空间的任何单元 | 2 | 2 |
| LJMP addr16 | 绝对长转移指令。程序无条件转向 64KB 程序存储器地址空间的任何单元 | 3 | 2 |
| SJMP rel | 相对短转移指令。程序无条件转向 256B 程序存储器地址空间的任何单元 | 2 | 2 |
| JMP @ A + DPTR | 变址寻址转移指令。程序转移到以 DPTR 为基地址变址寻址单元，JMP 指令只能在 256 个存储器单元内转移 | 1 | 2 |
| JZ rel | 判 0 转移指令，对累加器 A 中内容进行判 0，为 0 时，程序转移到 256B 程序存储器地址空间的任何单元 | 2 | 2 |
| JNZ rel | 判非 0 转移指令，对累加器 A 中内容进行判非 0，非 0 时，程序转移到 256B 程序存储器地址空间的任何单元 | 2 | 2 |
| CJNE A，direct，rel | 比较转移指令。累加器 A 中内容与直接地址 direct 单元中相比较，不相等时，程序转移到 256B 程序存储器地址空间的任何单元 | 3 | 2 |
| CJNE A，#data8，rel | 比较转移指令。累加器 A 中内容与 8 位立即数 data 相比较，不相等时，程序转移到 256B 程序存储器地址空间的任何单元 | 3 | 2 |
| CJNE Rn，#data8，rel | 比较转移指令。寄存器 Rn 中内容与立即数 data 相比较，不相等时，程序转移到 256B 程序存储器地址空间的任何单元 | 3 | 2 |
| CJNE @ Ri，#data8，rel | 比较转移指令。寄存器间接寻址单元中内容与 8 位立即数相比较，不相等时，程序转移到 256B 程序存储器地址空间的任何单元 | 3 | 2 |
| DJNZ Rn，rel | 循环转移指令。寄存器 Rn 中内容减 1，若为 0，则顺序执行程序，不为 0 则程序转移到 256B 程序存储器地址空间的任何单元 | 3 | 2 |
| DJNZ direct，rel | 循环转移指令。直接地址 direct 中内容减 1，若为 0，则顺序执行程序，不为 0 则程序转移到 256B 程序存储器地址空间的任何单元 | 3 | 2 |
| NOP | 空操作 | 1 | 1 |

附表 5　　位操作类指令

| 助记符 | 功能说明 | 字节数 | 机器周期 |
|---|---|---|---|
| CLR C | 进位 CY 清零 | 1 | 1 |
| CLR bit | 位地址为 bit 的位清零 | 2 | 1 |
| SETB C | 进位 CY 置 1 | 1 | 1 |

续表

| 助记符 | 功能说明 | 字节数 | 机器周期 |
|---|---|---|---|
| SETB bit | 位地址为 bit 的位置 1 | 2 | 1 |
| CPL C | 进位位取反 | 1 | 1 |
| CPL bit | 位地址为 bit 的位取反 | 2 | 1 |
| ANL C，bit | 进位 CY 和位地址为 bit 的位相“与”，其结果送回 CY 中 | 2 | 2 |
| ANL C，/bit | 进位 CY 和位地址为 bit 的位反码相“与”，其结果送回 CY 中 | 2 | 2 |
| ORL C，bit | 进位 CY 和位地址为 bit 的位相“或”，其结果送回 CY 中 | 2 | 2 |
| ORL C，/bit | 进位 CY 和位地址为 bit 的位反码相“或”，其结果送回 CY 中 | 2 | 2 |
| MOV C，bit | 位地址为 bit 的位送入进位 CY 中 | 2 | 1 |
| MOV bit，C | 进位 CY 送入位地址为 bit 的位中 | 2 | 2 |
| JC rel | 判断进位 CY 为 1 时，则程序转移到 256B 程序存储器地址空间的任何单元 | 2 | 2 |
| JNC rel | 判断进位 CY 为 0 时，则程序转移到 256B 程序存储器地址空间的任何单元 | 2 | 2 |
| JB bit，rel | 判断位地址 bit 的位为 1 时，则程序转移到 256B 程序存储器地址空间的任何单元 | 3 | 2 |
| JNB bit，rel | 判断位地址 bit 的位为 0 时，则程序转移到 256B 程序存储器地址空间的任何单元 | 3 | 2 |
| JBC bit，rel | 判断位地址 bit 的位为 1 时，则程序转移到 256B 程序存储器地址空间的任何单元，同时 bit 位清零 | 3 | 2 |

**附表 6　　伪指令**

| 伪指令 | 功能 | 格式 |
|---|---|---|
| ORG | 规定本条指令下面的程序和数据的起始地址 | ORG Addr16 |
| EQU | 将一个常数或汇编符号赋给字符名 | 字符名 EQU 常数或汇编符号 |
| BIT | 将 BIT 之后的位地址值赋给字符名 | 字符名 BIT 位地址 |
| DB | 从指定的 ROM 地址开始存入 DB 后面的数据，这些数据可以是用逗号隔开的字节串或括在单引号中的 ASCII 字符串 | DB 8 位数据表 |
| DW | 从指定的 ROM 地址开始，在连续的单元中定义双字节数据 | DW 16 位数据表 |
| DS | 从指令地址开始保留 DS 之后表达式的值所规定的存储单元数，以备后用 | DS 表达式 |
| END | 用来指示源程序到此全部结束 | END |

**附表 7　　MCS－51 指令系统常用符号及含义**

| 符号 | 含义 |
|---|---|
| addr11 | 11 位地址 |

续表

| 符号 | 含义 |
| --- | --- |
| addr16 | 16 位地址 |
| DPTR | 16 位存储单元 |
| bit | 内部 RAM 或专用寄存器中的直接寻址位 |
| rel | 补码形式的 8 位地址偏移量 |
| direct | 直接地址单元（RAM，SFR，I/O） |
| #data | 立即数 |
| Rn | 当前寄存器区的 8 个通用工作寄存器 R0～R7（$n$=0～7） |
| Ri | 当前寄存器区中可作间接寻址寄存器的 2 个通用工作寄存器 R0、R1（$i$=0、1） |
| PC | 程序指针 |
| A | 累加器 |
| B | 专用寄存器，用于 MUL 和 DIV 指令 |
| C | 进位标志或布尔处理机中的累加器 |
| @ | 间接寻址方式中，表示间接寄存器的符号 |